"十三五"国家重点图书出版规划项目

画说蛹虫草优质高效生产技术

中国农业科学院组织编写

张敏 李超 都兴范 主编

中国农业科学技术出版社

图书在版编目（CIP）数据

画说蛹虫草优质高效生产技术 / 张敏，李超，都兴范主编 . —北京：中国农业科学技术出版社，2020. 10

ISBN 978-7-5116-5044-3

Ⅰ. ①画… Ⅱ. ①张… ②李… ③都… Ⅲ. ①蛹虫草—栽培技术 Ⅳ. ①S567.3

中国版本图书馆 CIP 数据核字（2020）第 185104 号

责任编辑 于建慧
责任校对 贾海霞

出 版 者 中国农业科学技术出版社
北京市中关村南大街12号 邮编：100081
电 话 （010）82109708（编辑室） （010）82109702（发行部）
（010）82109709（读者服务部）
传 真 （010）82109708
网 址 http: // www.castp.cn
经 销 者 各地新华书店
印 刷 者 北京富泰印刷有限责任公司
开 本 880mm×1 230mm 1/32
印 张 3.75
字 数 100千字
版 次 2020年10月第1版 2020年10月第1次印刷
定 价 30.00元

《画说“三农”书系》

编辑委员会

《画说蛹虫草优质高效生产技术》

编委会

主　编　张　敏　李　超　都兴范

副主编　李　红　李剑梅　刘国丽

编　委（按姓氏笔画排序）

吕立涛　刘　娜　刘国宇

刘岩岩　李亚洁　肖千明

宋　莹　陈其周　柴林山

#《画说『三农』书系》序

农业、农村和农民问题，是关系国计民生的根本性问题。农业强不强、农村美不美、农民富不富，决定着亿万农民的获得感和幸福感，决定着我国全面小康社会的程度和社会主义现代化的质量。必须立足国情、农情，切实增强责任感、使命感和紧迫感，竭尽全力，以更大的决心、更明确的目标、更有力的举措推动农业全面升级、农村全面进步、农民全面发展，谱写乡村振兴的新篇章。

中国农业科学院是国家综合性农业科研机构，担负着全国农业重大基础与应用基础研究、应用研究和高新技术研究的任务，致力于解决我国农业及农村经济发展中战略性、全局性、关键性、基础性重大科技问题。根据习近平总书记“三个面向”“两个一流”“一个整体跃升”的指示精神，中国农业科学院面向世界农业科技前沿、面向国家重大需求、面向现代农业建设主战场，组织实施“科技创新工程”，加快建设世界一流学科和一流科研院所，勇攀高峰，率先跨越；牵头组建国家农业科技创新联盟，联合各级农业科研院所、高校、企业和农业生产组织，共同推动我国农业科技整体跃升，为乡村振兴提供强大的科技支撑。

组织编写《画说“三农”书系》，是中国农业科学院在新时代加快普及现代农业科技知识，帮助农民职业化发展的重要举措。我们在全国范围遴选优秀专家，组织编写农民朋友用得上、喜欢看的系列图书，图文并茂地展示先进、实用的农业科技知识，希望能为农民朋友提升技能、发展产业、振兴乡村作出贡献。

中国农业科学院党组书记 张合成

2018年10月1日

前言

蛹虫草又被称为北冬虫夏草、北虫草，以其独特的食用价值和药用价值享誉国内外。《新华本草纲要》称，蛹虫草“全草：味甘，性平。有益肺肾，补精髓，止血化痰的功能”。

随着人们健康保健意识的逐渐增强和蛹虫草药用领域的扩大，其市场需求量不断增大。蛹虫草于2009年被批准为新资源食品，2014年被批准为新食品原料，目前在国家食品药品监督管理总数据查询网站可查到以蛹虫草为主要成分的保健食品有41种。蛹虫草栽培已经有30年的栽培历史，经济效益达100亿元。为了提高蛹虫草栽培技术水平，促进产业健康、快速、可持续发展，在多年实践操作和调研的基础上，编写了《画说蛹虫草优质高效生产技术》一书，详细介绍了蛹虫草的分类地位、价值、栽培历史、生物学特性、菌种生产、栽培技术、采收包装及病虫害综合防控等技术。本书介绍的栽培模式是当前蛹虫草栽培采用的主要模式，具有投资少、周期短、操作简单等特点，实用性和推广性较强。本书通俗易懂，简明扼要，配备了丰富的彩色图片加以说明，能够更加直观地展现整个栽培的细节和过程，便于生产者学习。

该书的编写过程中，进行了大量的实地调研，详细参考了国内外同仁的文献资料，并辅助完成了各生产阶段的栽培试验，得到了行业内专家及广大种植户的广泛支持，在此，一并表示感谢！

由于编者能力有限及时间紧迫，难免在文字表述和图片展示上存在不尽人意之处，敬请各位专家、学者、栽培技术人员谅解，并提出宝贵的意见和建议！

编　者

2019年6月

目　录

第一章　概　述

第一节　蛹虫草的分类地位

蛹虫草（*Cordyceps militaris*），又名北冬虫夏草，属真菌界（Fungi）真菌门（Eumycota）子囊菌亚门（Ascomycotina）子囊菌纲（Ascomycetes）肉座菌目（Hypocreales）虫草科（Cordycipitaceae）虫草属（*Cordyceps*）。由于它在开发利用和基础研究中的突出地位，已成为虫草属研究中的模式种。蛹虫草在自然条件下发现于温带、低海拔的阔叶林或混交林生境。蛹虫草寄主范围广泛，专化性不强，子实体常发生于每年的夏末秋初，半埋于林地上或腐枝落叶层下的鳞翅目、鞘翅目等70多种寄主昆虫的成虫、幼虫及蛹体上（图1-1，图1-2），但以鳞翅目昆虫的蛹上最为常见。蛹虫草在世界范围内广泛分布，北美洲、南美洲、欧洲和亚洲都有相关报道。寄主多样性特征可能是其广泛分布的原因之一，但已有的报道表明，不同地理种群之间遗传分化程度不高。蛹虫草在我国主要分布于辽宁省、吉林省、黑龙江省、山西省、河北省、陕西省、安徽省、浙江省、山东省、福建省、广东省、广西壮族自治区（以下简称广西）、云南省、四川省、贵州省、湖北省、甘肃省、西藏自治区、内蒙古自治区和台湾省等省（区、市）。

图1-1　野生蛹虫草的野外生长环境

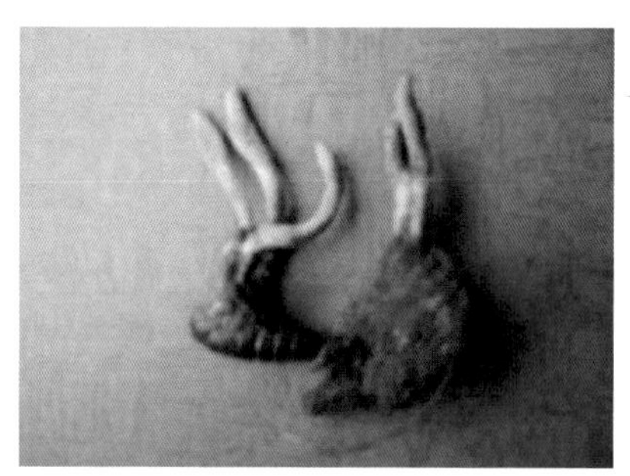
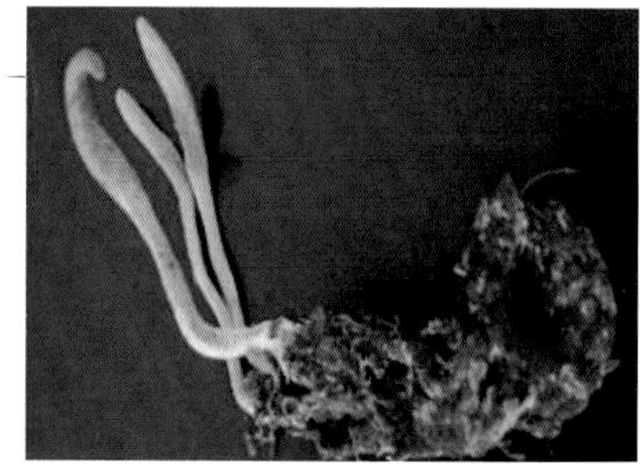

图1-2　野生蛹虫草

第二节　蛹虫草的价值

一、食用价值

2009年，蛹虫草被批准为新资源食品（2009年第3号公告），2014年，被批准为新食品原料（2014年第10号公告）。人工培养的蛹虫草子实体色泽鲜艳、气味清香、脆嫩鲜滑，含有丰富的蛋白质、氨基酸、维生素及钙、锰、锌、硒等营养成分，其中，氨基酸含量不仅明显优于野生冬虫夏草（表1-1），而且谷氨酸、天门冬氨酸、丙氨酸等呈味氨基酸的含量较高，所以，其子实体味道鲜美，商品价值高，可用于加工成多种滋补菜品，例如黄瓜拌虫草、炖鸡、炖鸭、煲汤、烫火锅等。亦可制作成各类食品，如虫草饮料、虫草茶、虫草酒、虫草饼干、虫草面条、虫草酱油等（图1-3至图1-10）。

表1-1 蛹虫草和冬虫夏草氨基酸含量比较 （单位：mg/100g）

名称	米饭虫草	柞蚕蛹虫草	冬虫夏草
天门冬氨酸ASP	2 348	2 619	2 130
苏氨酸THR	1 768	1 753	1 130
丝氨酸SER	1 377	1 322	1 058
谷氨酸GLU	4 209	5 251	2 956
甘氨酸GLY	1 077	1 203	1 011
丙氨酸ALA	1 333	1 573	1 219
胱氨酸CYS	155	763	223
缬氨酸VAL	1 473	1 474	1 213
蛋氨酸ET	399	397	476
异亮氨酸ILE	641	687	602
亮氨酸LEU	1 139	2 029	1 104
酪氨酸TYR	1 260	1 496	950
苯丙氨酸PHE	954	1 069	1 055
赖氨酸LYS	1 460	2 694	1 102
组氨酸HIS	269	309	331
精氨酸ARG	1 631	1 327	1 423
脯氨酸PRO	1 087	819	1 047
氨NH_3	441	345	672
必需氨基酸（EAA）	7 834	10 103	6 682
总计	23 021	27 130	19 702
EAA/总AA（%）	34	37	34
E/N	0.52	0.59	0.51

图1-3　黄瓜丝拌虫草

图1-4　虫草炖鸭

图1-5　虫草炖鸡

图1-6　虫草茶

图1-7　虫草酒

图1-8　虫草面条

图1-9　虫草饼干

图1-10　虫草饮料

二、药用价值

蛹虫草不仅具有很高的营养价值，同时也具有显著的药用价值，含有虫草多糖、虫草素、腺苷、喷司他丁、胡萝卜素、虫草酸（甘露醇）、SOD、氨基酸、维生素以及微量元素等生理活性物质（表1-2）。其中，虫草素的化学结构为3′-脱氧腺苷，是蛹虫草中特有的核苷类活性物质，它具有抗癌、抗菌、抗病毒等功能；虫草酸可以显著降低颅压，促进新陈代谢，因而使脑溢血和脑血栓病症得到缓解；虫草多糖被认为是当前世界上非常好的免疫促进剂之一，可增强机体免疫力。2017年10月19日，全球知名学术期刊《细胞·生物化学》（Cell Biology）在线发表了中国科学院上海植物生理生态研究所研究员王成树团队最新的科研成果——蛹虫草中含具有抗癌功效的“喷司他丁”。蛹虫草基因组大约有16%的编码基因参与真菌—寄主的相互作用，不存在对人类有害的已知真菌毒素的基因。它还具有扶正固本，保肝护肝、延缓衰老、抗疲劳之功效，能提高身体抗病毒和辐射的能力。不同培养基、不同菌株之间活性成分有一定差异（表1-2，图1-11，图1-12）。

表1-2　蛹虫草和冬虫夏草主要活性成分含量比较

成分	米饭蛹虫草	柞蚕蛹虫草	冬虫夏草
虫草素（mg/kg）	2 465	1 863	—
虫草多糖（%）	1.41	1.34	0.85
虫草酸（%）	14.05	13.19	13.17

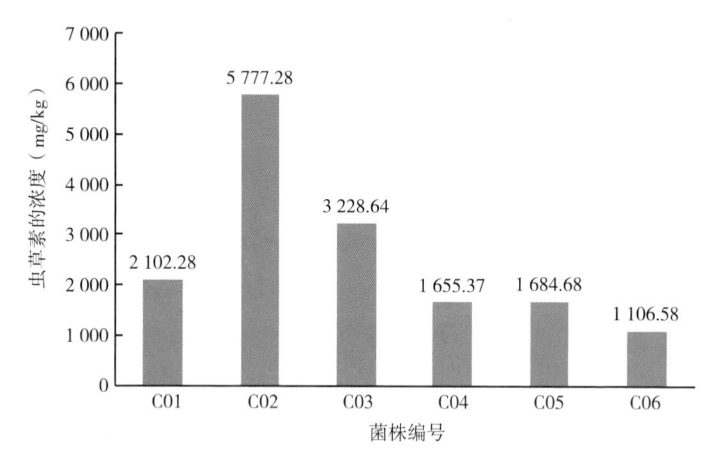

图1-11　蛹虫草不同菌株子座中虫草素的含量

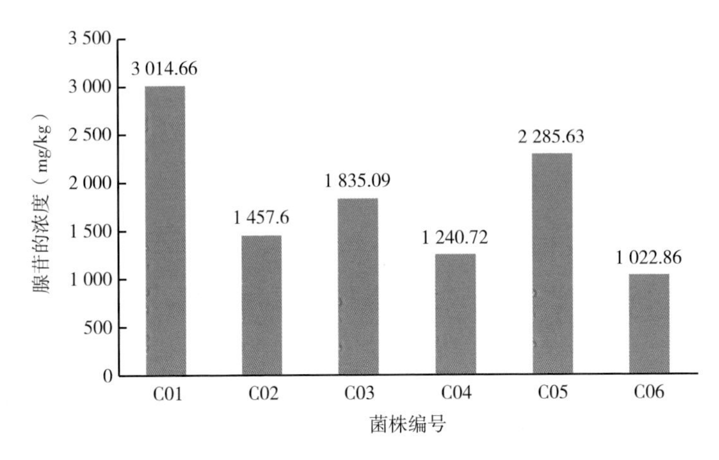

图1-12　蛹虫草不同菌株子座中腺苷的含量

1. 抗肿瘤作用

蛹虫草能够在抑制肿瘤细胞生长、促进肿瘤细胞凋亡、阻延肿瘤细胞扩散及增强免疫力等方面发挥抗肿瘤作用。

2. 免疫调节作用

蛹虫草可作用于机体的免疫器官、免疫细胞及免疫分子，提高机体非特异性和特异性免疫功能。

3. 抑菌和抗感染作用

蛹虫草具有良好的抑菌作用，其主要抑菌成分虫草素已被证实对枯草芽孢杆菌、鸟结核杆菌、牛型结核分枝杆菌、链球菌、鼻疽杆菌、炭疽杆菌、葡萄球菌等病原细菌，以及一些皮肤致病性真菌如小芽孢癣菌及须疮癣菌等的生长具有抑制作用。

4. 抗氧化作用

蛹虫草中富含超氧化自由基的特异性清除酶SOD酶。虫草多糖亦可发挥抗氧化作用。叶文姣等提取蛹虫草发酵液中胞外多糖并进行纯化，探讨虫草胞外多糖粗品及纯化品的抗氧化作用，结果表明，两者都具有对DPPH、-OH及O^{2-}良好的清除能力和螯合亚铁离子的能力，抗氧化效果呈现良好的剂量关系，经过比较胞外多糖的粗品比纯化品抗氧化性强。

5. 降血糖作用

孙纳新探讨虫草多糖对I型糖尿病的作用机制，筛选出具有降血糖活性的胞外多糖。该多糖有明显的降血糖活性，且具有一定的剂量依赖性，经过研究，此多糖的降血糖机理可能与其能够显著提高非特异性免疫细胞的分泌水平有关。

6. 对肝肾及呼吸系统的保护作用

蛹虫草菌丝能明显改善慢性肾功能衰竭患者的身体状况，提高患者生活质量（如提高肌酐清除率，促进蛋白质的合成，纠正负氮平衡等）。蛹虫草菌粉可有效治疗慢性支气管炎，蛹虫草提取物可缓解内毒素或类似物质造成的肺部炎症，具有一定的肺保护作用。

7. 调节内分泌和性功能保护作用

蛹虫草中的雄激素样物质具有调节内分泌作用，而且临床上也常用蛹虫草来辅助治疗男性阳痿、早泄、遗精、遗尿、不育等性功能疾病，被誉为“男性能量补充剂”。

8. 抗辐射作用

黄雅琴等研究发现，适宜质量分数的蛹虫草粉能够修复紫外辐射对果蝇造成的中轻度损伤，并能通过抗氧化的途径来减轻紫外线给机体带来的氧化损伤。李华等用8-甲氧补骨脂素联合长波紫外线制备小鼠皮肤光老化模型，在造模前给皮肤涂抹虫草多糖溶液，造模后24h内取皮肤组织，进行苏木精—伊红染色和电子显微镜观察，并检测组织羟脯氨酸含量。结果发现，光老化组皮肤真皮层明显增厚，皮脂腺不规则增生，纤维组织疏松紊乱，常见断裂，成纤维细胞形态不规则，内质网少；虫草多糖保护组明显改善，羟脯氨酸含量较光老化组明显增加。虫草多糖对皮肤的光老化的保护作用可能是通过影响TGF-β/Smad信号来实现的。

第三节 蛹虫草的栽培历史

野生蛹虫草是由子座（子实体部分）与菌核（蛹、虫的部分）两个部分组成的复合体。主要生长在海拔2 500m以下，有阳光散射的山间缓坡向阳地带，子实体常发生于每年的夏末秋初。目前，世界上已发现虫草属真菌350多种，其中，我国记录有61种，已经报道的蛹虫草寄主已超过4目16科70种，广泛分布于寒带、温带气候带及热带、亚热带地区，但蛹虫草天然资源的世界性分布数量很少。

1867年，De Bary在实验室进行虫草子实体人工培养实验，不过并未获得具有成熟子囊壳的子实体；1923年，日本学者久山和小林报道在米饭培养基上成功培养出蛹虫草的子实体（梁宗琦，1990）；1936年，Shanor在潮湿的藓苔中用菌丝或分生孢子感染普罗米修天蚕蛾的活蛹，成功获得蛹虫草子座。20世纪50年代以来，我国各地区的科研机构开始投入到蛹虫草人工栽培技术的研究当中，对蛹虫草的栽培特性越来越熟悉。我国也是世界上最先利用虫蛹作为原材料，规模化生产蛹虫草子实体的国家。1987年，谷恒生和梁曼逸（吉林省蚕业科学研究所）等报道在家蚕、柞蚕及米饭培养基上成功获得了与野生蛹虫草一致的子实体，“蚕蛹虫草”1987年通过了吉林省农业厅组织的技术鉴定，专家们一致认为：该项技术为国内外首创。达到了同行研究的先进水平，属于蛹虫草在我国的首次人工培养子实体成功。之后，蛹虫草先后以蓖麻蚕蛹及樗蚕蛹为寄主培育成功。1986年，沈阳市农业科学院食用菌室李春艳等人在沈阳棋盘山水库北岸林地中采集9枚野生的蛹虫草，经分离、驯化和多年的研究，蛹虫草的规模化人工栽培获得成功。广大科研工作者多年攻关研究，利用小麦、大米等培养基人工栽培蛹虫草获得成功。同时，经过多年实践积累，逐步形成了一套完善的蛹虫草人工栽培技术。

目前，生产上按照蛹虫草培养基质的不同，主要分为柞蚕蛹虫草、家（桑）蚕蛹虫草、小麦蛹虫草及大米蛹虫草等（图1-13至图1-19）。

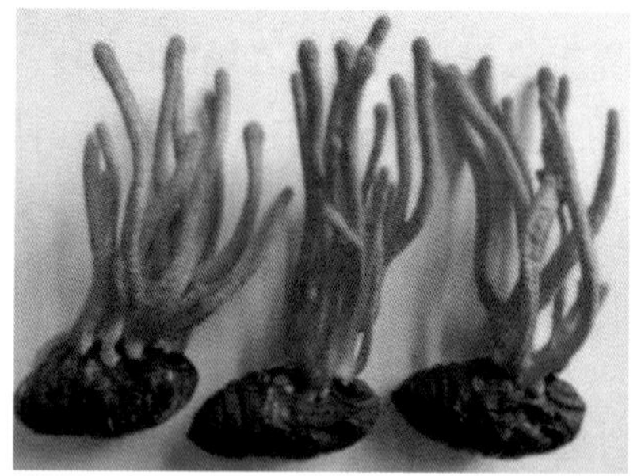

图1-13　柞蚕蛹虫草

图1-14　家（桑）蚕蛹虫草

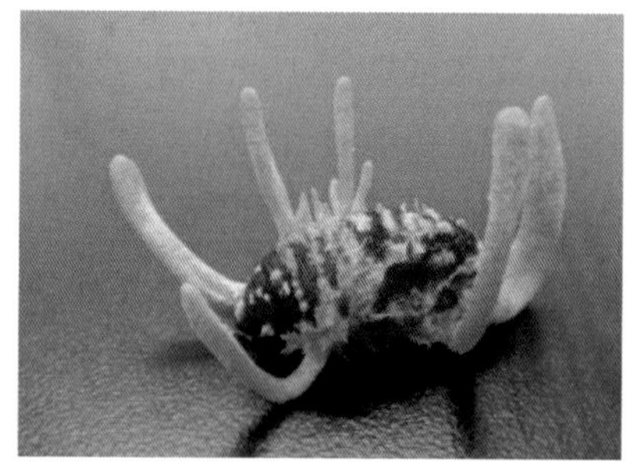

图1-15　蓖麻蚕蛹虫草

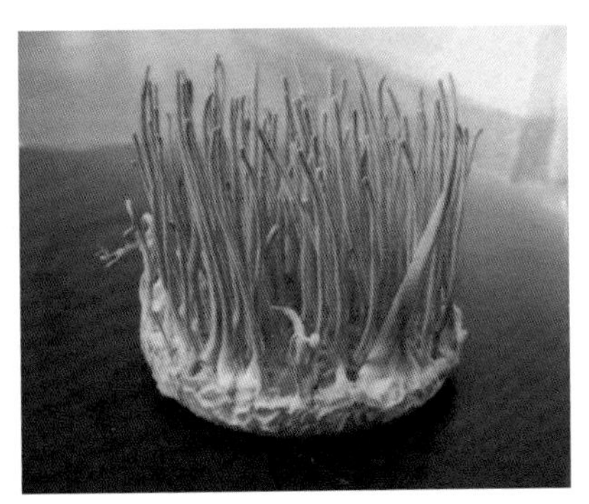

图1-16　大米蛹虫草

图1-17　小麦蛹虫草

图1-18　小麦蛹虫草（盆栽）

图1-19　小麦蛹虫草规模化栽培（盆栽）

第四节　蛹虫草产业现状及发展前景

蛹虫草食用价值很高，含有丰富的蛋白质，各类氨基酸种类齐全，此外，还含有铜、锌、硒等20多种矿物质元素。干品可用来泡水、煲粥、煮菜，也可以粉碎冲服，近年来，鲜品也得到广大消费者的认可，各大超市均有销售，用来拌菜、烹饪各种佳肴。此外，蛹虫草具有特殊的药用价值，是一种具有滋补、医疗作用的名贵中草药。作为食药兼用的绿色天然食材，得到了越来越多消费者的青睐，消费市场由中国、韩国、日本、东南亚以及欧美地区逐年扩大到全球范围。

一、蛹虫草人工商业化生产存在的问题

蛹虫草人工商业化生产已经经过30年栽培历史，仍然存在一些问题。

1. 菌种退化

菌种退化是蛹虫草生产中最为严重的问题，其退化菌株遗传上和正常菌株之间存在明显差异，主要表现为菌种继代培养几次后子实体产量下降或不长子实体。蛹虫草为异宗配合真菌，遗传重组能够频繁发生。研究表明，菌种退化与菌丝氧化胁迫有一定的关联性，通过优化栽培菌株的保藏条件，可一定程度缓解菌种退化的问题，保持菌株优良特性。同时，因野生菌株在产量和活性物质分泌能力上的不足，优良菌种选育也是蛹虫草菌研究中的重要课题。

2. 标准化栽培技术普及不够

缺乏对其生物特性充分研究基础上的标准化栽培技术研发，增加了种植风险，造成产品质量良莠不齐。

3. 产品销售形式单一

目前，蛹虫草的产品销售形式以蛹虫草干品的原料形式为主，缺少精深加工的高附加值产品。

蛹虫草良好的医疗保健作用引发了国内外市场对蛹虫草及其深加工产业的旺盛需求，这种需求为蛹虫草的人工栽培及其深度开发提供了一个良好的产业发展前景。

二、蛹虫草商品化生产前景分析

蛹虫草生产技术已经趋于成熟，能够被广大生产者掌握，并逐步向工厂化生产的方向迈进，与其他食药用菌栽培相比，蛹虫草产业发展具有以下鲜明特点。

1. 需求量不断增大

蛹虫草产品在国内外需求量越来越大，前景看好。人工栽培蛹虫草，具有投资少、见效快、效益高、生长周期短等优点，属种植业中的“短、平、快”项目，适宜普及推广。

2. 种植场地要求宽泛

一般在厂房、日光温室均可种植，一般民房稍加改造也可用于蛹虫草的种植。

3. 传统栽培设施条件简单

入门级别的附加设施设备投入较少，适合起步创业阶段资金少的栽培户。栽培室、温室内只要安装日光灯或节能灯就可以进行简单生产，并且无须制作栽培架。按实际生产面积为50m^{3}计算，初期栽培的总投资不超过1 500元，包括菌种、原材料等投资总额。栽培盆、层架、日光灯或节能灯、接种设备、灭菌设备等固定设备可以重复使用。

4. 生产周期短

生产周期与其他食药用菌相比，相对较短。蛹虫草栽培的整个生产周期为60～80d，比灵芝、香菇等生产周期要短得多。因此，在具备良好的设施条件下，完全可以进行周年栽培，产出投入比高。

5. 原料来源广泛

原料来源普遍，全国各地均有，价格常年稳定且较低。用小麦、蚕蛹、大米等作为培养基完全可以满足蛹虫草的生产，这些原料来源广泛，有保障。

6. 销售渠道稳定且畅通

蛹虫草产品供求现在正处于卖方市场阶段，潜在的市场需求量很大，所以销路是有保证的。特别是四川、西藏等西部地区植被保护越来越受重视，天然蛹虫草产区管控越来越严格，不允许掠夺性采挖。人工栽培蛹虫草日益受到认可，销售链条非常成熟，随着电子商务的日益普及，网络经营蛹虫草产品更是比比皆是。

7. 食用方法易于接受

蛹虫草食用可干可鲜。蛹虫草鲜品逐渐走上人们的日常餐桌，超市、市场销售网点均有售卖，人们也普遍认识到了蛹虫草作为食品的特殊价值。在鲜品供应的同时，也可以进行烘干包装储存，等待市场价格上扬再做出售。蛹虫草的干鲜俱佳的食用特征也受到栽培户的青睐。

8. 深加工有待深入研究

蛹虫草独特的药用价值推动了日益庞大的蛹虫草医疗保健品产业的快速发展，产品供不应求。

因此，发展蛹虫草人工栽培和深加工开发，将会迅速带动我国蛹虫草产业的蓬勃发展。

第二章　生物学特性

第一节　形态特征

蛹虫草子座部分一般为橘黄色或深橘黄色，长度为2～12cm，粗2～9mm，实心肉质，顶部有箭头状、球状、锤状等，头部长1～2cm，粗0.2～0.9cm。子实体柄呈长柱状，有弯曲，大多数为圆柱状，也有部分为扁平状。子座单个或多个丛生，个别有分枝，但很少见。子实体头部表面有小瘤状突起，即子囊，是产生孢子的结构。子囊外壳被称为子囊壳，大小一般为（0.35～0.6）mm×（0.18～0.3）mm，顶部露出表面呈乳头状突起。子囊细长，呈圆柱状，大小为（18～380）μm×（3～5）μm，有明显的帽顶（图2-1）。每个子囊内部生有8个线形子囊孢子。

图2-1　野生蛹虫草

蛹虫草的地下部分为被菌丝体侵染的僵虫或蛹。

蛹虫草菌丝无色、透明，有分隔，分枝状。

第二节　生活史

子囊孢子是整个蛹虫草生活史的起始。成熟的子囊孢子在外力的作用下落入地面，条件合适时侵染寄主虫体。孢子首先长出芽管，芽管生长伸长并逐步分枝，萌发形成菌丝体。寄主虫体的组织和器官不断被侵染，最终虫体完全被分解而僵化。当外界的温度、湿度和光照等环境条件满足时，菌丝体开始扭结，形成子实体的生长原基。原基在虫体或蛹体的头部或腹部位置不断生长，长成为棒状的子实体。在子实体上有大量的子囊壳，子囊壳内产生子囊，子囊孢子即着生在子囊内。子囊孢子不断成熟，被弹射出来后，随外界气流、水流等四处传播，条件成熟下又传播到寄主虫体身体上，开始又一轮侵染生长的生命周期（图2-2）。

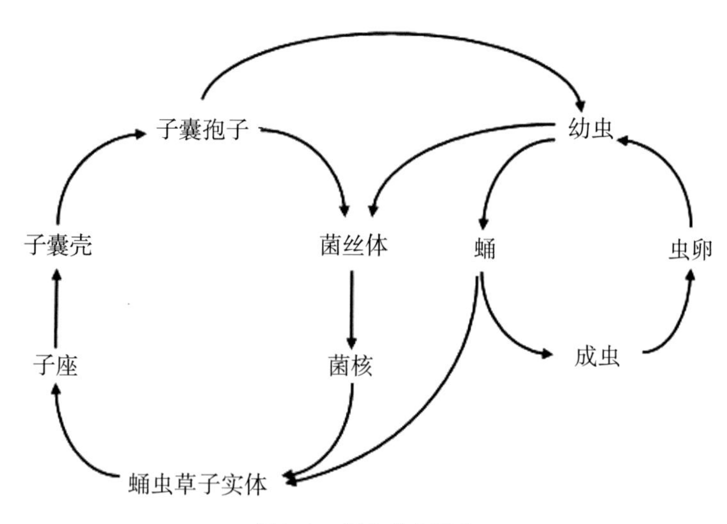

图2-2　蛹虫草生活史

第三节　生长发育条件

蛹虫草生长发育与其他食药用菌一样，都需要充足的营养条件和适合的环境条件。在各条件相互协调配合的基础上，蛹虫草才能够正常或更好地生长发育。

蛹虫草在栽培过程中，需要人工创造和调控适应其正常生长发育的外界条件，在不同生长发育阶段，蛹虫草所需要的外界环境条件也是不同的，要随时进行调整。只有满足蛹虫草不同生长发育阶段所需要的环境条件，才能培育出优质的产品，实现高产的目标。

蛹虫草属于真菌，不同于绿色植物栽培，它本身不含有叶绿素，不能进行光合作用，只能通过菌丝分泌各种生物酶，分解有机物获得所需要的能量和营养物质，实现自身生长发育。

一、营养

不同的培养基因其营养成分不同，对蛹虫草品质和产量有明显影响。因此，在实际生产中，不仅要选择最佳的培养基，满足蛹虫草营养需求，也要考虑最佳的成本效益比。

1. 碳源

碳源是蛹虫草生长发育必需的营养物质。在蛹虫草的生长发育过程中，不仅通过新陈代谢作用为菌丝体提供碳素来源，而且是蛹虫草合成菌体细胞的必不可少的原料，为蛹虫草的生命活动提供能量。

蛹虫草的碳源主要包括葡萄糖、蔗糖、麦芽糖、淀粉等，蛹虫草对葡萄糖和蔗糖等小分子糖类可以直接吸收利用。

2. 氮源

氮源是蛹虫草菌体细胞的重要组成部分，也是蛹虫草合成蛋白质、核酸、细胞质和酶的主要原料，在蛹虫草的生理生化活动中起着非常重要的作用。它不像碳源一样为蛹虫草提供能量，但它是除了碳源之外的最重要的营养来源。人工氮源分为无机氮源和有机氮源，无机氮源包括铵态氮，有机氮源包括蛋白胨、酵母膏、蚕蛹粉、氨基酸物质等。在生产过程中，有机氮的应用效果要大大好于无机氮，若利用铵态氮作为生产氮源，菌丝生长非常缓慢，子实体产生很少，且不易生长，氨基酸等小分子化合物可以直接吸收利用。蚕蛹粉类富含蛋白质高分子化合物，要通过菌丝产生的蛋白酶进行分解，转化成小分子氨基酸才能被吸收利用。

3. 无机盐

无机盐也是蛹虫草生长发育过程中不可缺少的物质。

根据蛹虫草生长发育对无机盐的需求量不同，区分为主要元素和微量元素两类。主要元素包括磷、钾、镁、钙、硫等元素，有的是构成蛋白质、核酸的重要物质，有的是酶的激活剂、活化剂。微量元素包括铁、锌、锰、铜、钼等，它们是构成酶的成分，或是酶的激活剂。对蛹虫草的生长发育也起着重要作用。

4. 生长因子

在蛹虫草的生长发育过程中，生长因子是必不可少的，它们不能通过简单的碳源和氮源进行有机合成。生长因子除了维生素以外，还包括嘌呤、嘧啶、激素、三十烷醇、吲哚乙酸等物质。

维生素是酶的活性基因成分，具有催化作用。尤其是维生素B_1对蛹虫草生长作用非常重要，它广泛存在于麦麸、酵母等物质中。在生产过程中，喷洒三十烷醇、吲哚乙酸等生长素可以有效促进子实体生长，提高产量。

二、温度

温度是否适合是蛹虫草生长发育的重要条件。在一定的有效温度区域范围内，参加蛹虫草生命活动的各种酶才会保持最佳的活性，保障蛹虫草的快速生长发育。温度保持在24～27℃，孢子的萌发率最高，萌发速度最快。蛹虫草的菌丝对温度的适应范围较广，在5～30℃均可以生长，最适温度为18～25℃。一定的温度变化刺激对蛹虫草的生长发育是有很大促进作用，在原基形成期保持15～18℃，可以促进菌丝扭结。子实体可以在10～27℃的范围内生长，超过28℃基本不再生长，最佳温度为20～23℃，如果温度过低，子实体生长缓慢，甚至停止生长。

三、湿度

蛹虫草生长需要潮湿的生长环境。在蛹虫草菌丝生长阶段，空气相对湿度要保持在60%～70%为宜，湿度过低，不利于菌丝生长，温度过高，易导致杂菌污染。子实体生长阶段，最佳湿度为85%左右，相对湿度低于70%，蛹虫草生长缓慢，子实体细小，相对湿度高于90%，子实体易凝结水滴，蛹虫草含水量大，除了易感染细菌等杂菌，还会导致烘干后的产品质量不佳。

四、空气

蛹虫草生产发育期需要适量的氧气，不同阶段对氧气量的需求不同。菌丝生长期可以不进行通风；子实体分化期，出现草芽，则需要适当的通风条件，否则会影响子实体的正常形成，随着子实体渐渐长大，要逐渐加大通风，保持空气的流通，增加新鲜的空气。如果通风不畅，CO_2在培养容器内大量积累，子实体的形态会受到严重影响，导致畸形，给生产带来损失。

五、光照

蛹虫草的孢子萌发阶段和菌丝生长阶段不需要光照，并且黑暗条件有助于提高孢子萌发率，过强的光照刺激会导致孢子不萌发和菌丝不生长。

进入到蛹虫草原基形成阶段和子实体生长阶段，必需一定的散射光进行刺激，光照度一般为100～250lx。在适宜的光照强度和光照时间下，蛹虫草子实体原基发生率高，色泽橘红，产量高；光线弱，子实体分化困难，出草数量少，子实体颜色呈淡黄色，产量降低。过强的直射光照射同样是不利于蛹虫草正常生长发育，因其会导致生长迟缓，色泽不佳，尤其是不能长时间照射。

在蛹虫草的生产过程中，除了对光照度的要求外，也要注意到培养室空间光照的均匀性。蛹虫草生长具有趋光性的特性，如果光照不均匀，会使蛹虫草生长产生扭曲或倒向一边。

六、pH值

蛹虫草和其他大多数食药用菌一样，喜好在偏酸性的环境中生长，其菌丝生长发育在pH值为4～8的范围内均可以生长，最适宜pH值为5.5～6.8，当基质pH值高于8时，菌丝难以生长。在实际生产过程中，培养基自然pH值即可。在灭菌和培养过程中，培养基的pH值是有所降低的。

第三章　菌种制作

菌种是蛹虫草生产最重要的生产资料，相当于植物的种子。菌种质量直接影响着栽培的成败和经济效益，选择优良的菌种，是蛹虫草栽培实现高产、优质的关键。

菌种是指生长在适宜基质上具结实性的菌丝培养物，包括母种（一级种）、原种（二级种）和栽培种（三级种）。蛹虫草菌种虽然同其他食用菌一样，分为母种（一级种）、原种（二级种）和栽培种（三级种），但是又有它的特殊性，蛹虫草的人工栽培至今已近30年，从当初的固态菌种到现在，已经完全达到液态菌种化。液体菌种及其接种技术，为蛹虫草产业化栽培生产和快速发展奠定基础。目前蛹虫草生产中均采用母种、液体原种和液体栽培种。

第一节　母种制作

母种（一级种），即经组织分离、孢子分离、基质分离等方法得到的具有结实性的菌丝体纯培养物及其继代培养物，生产上也常称作试管种。母种是菌种生产的基础，一般要求选择传代次数少、纯度高、一致性好、活力强。

一、主要仪器及设备

1. 高压蒸汽灭菌锅

利用电热丝加热水产生蒸汽，并能维持一定压力，利用饱和压力蒸汽对物品进行迅速而可靠地进行消毒灭菌的设备，不仅可杀死一般的细菌、真菌等微生物，对顽强抵抗力的芽孢、孢子也有杀灭效果，是灭菌效果最好的、应用最普遍的物理灭菌法。

常用的高压蒸汽灭菌锅包括手提式和立式两种（图3-1）。

（1）手提式高压蒸汽灭菌锅　用于母种培养基、三角瓶、培养皿及无菌水等用具的灭菌。可装150支试管或10个250ml三角瓶。

图3-1　高压蒸汽灭菌锅

（2）立式高压蒸汽灭菌锅　用于原种培养基、罐头瓶的灭菌。可装20个左右1 000ml三角瓶或30个左右750ml罐头瓶。

使用高压蒸汽灭菌锅时，要严格按照使用说明书操作。

2. 超净工作台

超净工作台是一种提供局部高洁净度工作环境的通用性较强的净化设备（图3-2）。其原理是在特定的空间内，室内空气经预过滤器初滤，由小型离心风机压入静压箱，再经空气高效过滤器二级过滤，从空气高效过滤器出风面吹出的洁净气流具有一定的和均匀的断面风速，可以排除工作区原来的空气，将尘埃颗粒和生物颗粒带走，以形成无菌的高洁净的工作环境。超净工作台上安装有紫外灯和照明灯。优点是操作方便自如，比较舒适，工作效率

图3-2　超净工作台

高，预备时间短，开机10min以上即可使用。缺点是价格昂贵，投资大，只适合科研院所及规模大的单位，同时，由于超净工作台台面较小，仅适合于母种、原种及少量栽培种的制作。

3. 接种箱

又称无菌箱，是简单的无菌接种设备（图3-3）。相对于超净工作台来说，具有制作简单，成本低廉，密闭性能好，灭菌彻底，操作简便等优点，是小规模生产者常用设备之一。

图3-3　单人接种箱

接种箱一般分为单人式和双人式两种，多由木材和玻璃制成，箱内外用白漆涂刷，箱顶装有日光灯和紫外线灯各1盏，箱体上窄下宽，单人接种箱宽40～60cm，双人接种箱宽60～80cm（对面操作），长度均为140cm，箱顶至箱底高80cm。箱体前上方装有可供观察箱内操作的可活动的玻璃窗，以便放取培养基和相关物品，由于上窄下宽自然形成一定的斜坡便于观察。箱体前下方留有两个直径20cm左右的操作孔并装上45cm左右的布袖套，袖口有松紧带，双手通过布袖套在箱内操作，以便过滤外界杂菌尘埃。操作孔之间的距离是40cm。

4. 电热恒温培养箱

电热恒温培养箱（图3-4）采用电加热的方式，对箱体内空气进行加热，通过控制电加热管的通电时间，让温度恒定在设定值，当温度低于设定温度时，电

图3-4　电热恒温培养箱

热管开始加热；当温度高于设定值时，电热管停止加热。用于母种、原种的培养。

5. 生化培养箱

生化培养箱又叫生化恒温培养箱（图3-5），与电热恒温培养箱相似，不同的是具有制冷和加热双向调温系统，适用范围广，一年四季均可保持在恒定温度。用于母种、原种的培养。

图3-5　生化培养箱

6. 电冰箱

电冰箱（图3-6）可用于菌种的保存，一般温度调节在4℃左右。

图3-6　电冰箱

7. 超低温冰箱

超低温冰箱（图3-7）又称超低温冰柜、低温保存箱，是一种温度可调可控并能恒定在一个低温范围的制冷设备。温度范围大致从-190～-15℃。用于菌种的保存，保存效果比普通冰箱好，但是价格昂贵，只适合科研院所及规模大的单位。

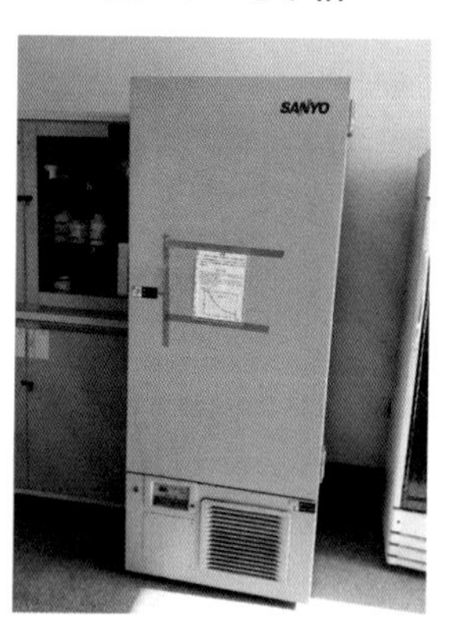

图3-7　超低温冰箱

二、培养基制备

培养基是指供给食用菌生长繁殖的，由不同营养物质组合配制而成的营养基质。一般都含有碳源、氮源、无机盐（包括微量元素）、维生素和水等几大类物质。培养基既能提供细胞营养和促使细胞增殖的基础物质，也能提供细胞生长和繁殖的生存环境。

培养基种类很多，根据配制培养基的营养物质来源，可分为天然培养基、合成培养基、半合成培养基；根据物理状态可分为固体培养基、液体培养基、半固体培养基；根据培养功能可分为基础培养基、选择培养基、加富培养基、鉴别培养基等。蛹虫草的母种制作中常采用半合成的基础固体培养基。

1. 常见母种培养基配方

（1）PDA培养基　马铃薯200g，葡萄糖20g，琼脂20g，水1 000ml。

（2）综合PDA培养基　马铃薯200g，葡萄糖20g，磷酸二氢钾1.5g，$MgSO_4$1.5g，维生素$B_1$10mg，琼脂20g，水1 000ml。

（3）改良PDA培养基　马铃薯200g，茧蛹粉5g，葡萄20g，磷酸二氢钾1g，磷酸氢二钾0.5g，琼脂20g，水1 000ml。

（4）葡萄糖蛋白胨培养基　葡萄糖10g，蛋白胨10g，琼脂20g，水1 000ml。

2. 制备方法

以制备1 000ml PDA培养基为例。

（1）称量　将新鲜的马铃薯洗净，去皮、去芽眼后，称取200g，称取葡萄糖、琼脂各20g备用（图3-8）。

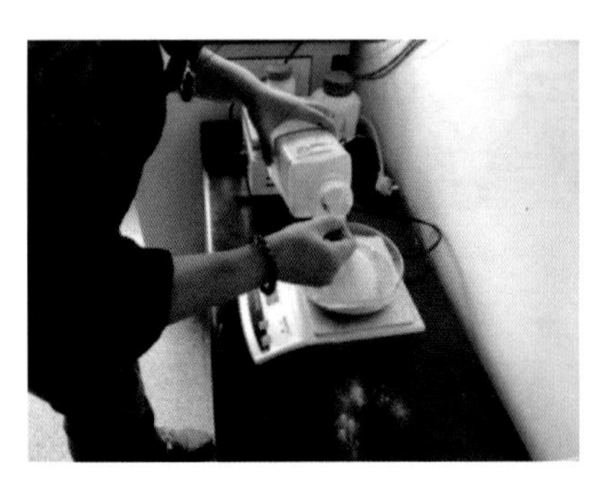

图3-8　药品称量

（2）提取汁液　把称量好的马铃薯切成小块或薄片（图3-9），放入1 000ml水中煮沸，之后用文火维持15～20min（图3-10），至马铃薯软而不烂时，用4～6层纱布过滤（图3-11），去掉渣滓，取其滤液倒入锅中。

（3）溶解　在滤液中加入洗净并浸润的琼脂，继续加热，不断搅拌，以免糊底烤焦，直到琼脂完全融化为止，再加入称好的葡萄糖等其他药品并搅拌均匀，使之完全溶解，补充水分至1 000ml，pH值自然，趁热迅速分装试管（图3-12）。

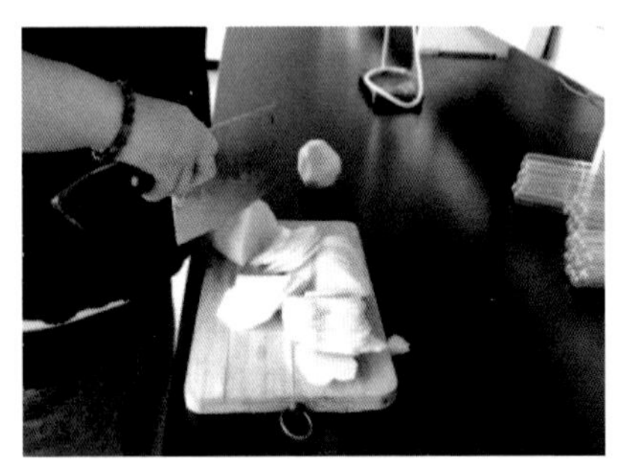
图3-9　马铃薯切片

图3-10　马铃薯煮汁

图3-11　过滤

图3-12　定容并溶解药品

（4）分装　分装试管时，培养基装入量为试管高度的1/5 ~ 1/4，绝对不能把培养基沾到试管口上，以免引起杂菌污染（图3-13）。

（5）塞棉塞和包扎　培养基分装好后应立即塞上棉塞或胶塞（图3-14），棉塞的大小和松紧都要适当，拔出时应有“嘭”的声音，太松容易污染，太紧则妨碍操作，不方便拔取。塞入试管中的长度一般为棉塞总长度的3/5左右，要用普通棉花，不能用脱脂棉。

塞好棉塞或胶塞后，每10支试管包扎成一捆（图3-15），棉塞部分用牛皮纸包好扎紧，准备灭菌。

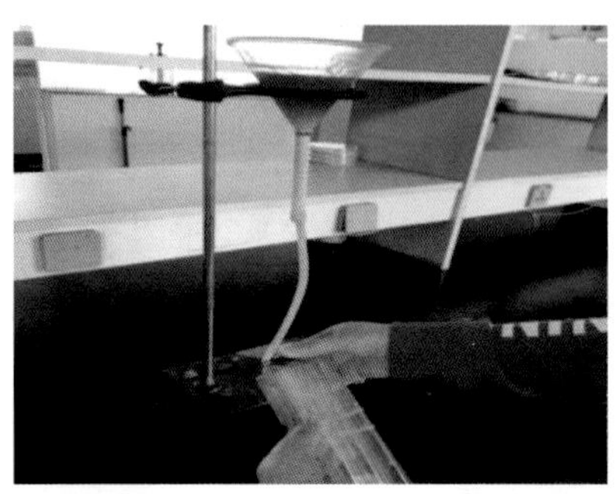

图3-13　分装试管

图3-14　塞胶塞

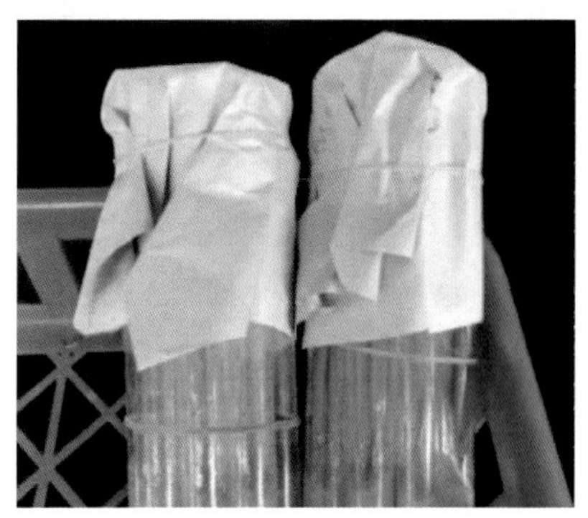

图3-15　包扎

（6）灭菌　母种培养基灭菌条件为0.12MPa（121℃），30min。灭菌前，锅中先加入适量的水，把包扎好的试管直立放入高压蒸汽灭菌锅中灭菌，盖好锅盖，拧紧螺帽，开始加热，压力升至0.035MPa（107℃）左右时，打开放气阀，把锅中冷空气缓缓放尽。空气是热的不良导体，不易加热，如果冷空气放不尽，高压锅中热蒸汽就会混合冷空气，出现假压现象，即压力上升而温度不高，造成灭菌不彻底。

（7）冷却与摆斜面　灭菌结束后通过自然降压使压力表指针回零时，方可打开高压锅，取出试管，趁热倾斜放置，使培养基形成一个斜面（图3-16）。斜面长度是试管的1/2～2/3。摆成斜面的目的是为了增加菌丝的生长面积，斜面培养基内部没有空气，菌丝不能生长，只能在培养基表面生长。

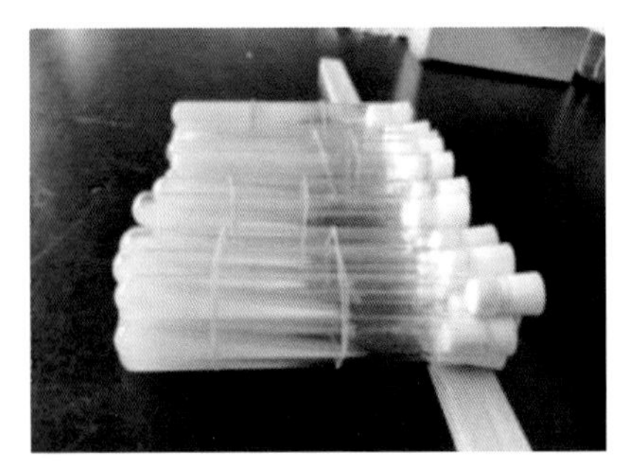
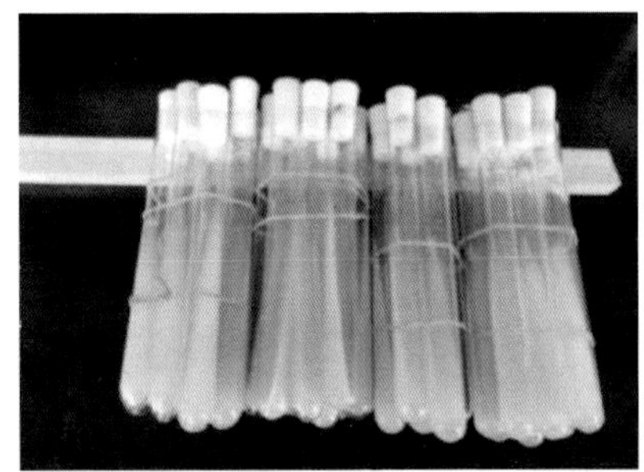

图3-16　摆斜面

（8）杂菌检验　为了检查灭菌是否彻底，应取出几支斜面培养基放入25℃±1℃的恒温箱中培养2～3d，检查有无细菌、真菌等杂菌生长，方能使用。

（9）保存　制备好的母种培养基要及时放入洁净的电冰箱中低温保存备用。培养基保存时间过长，会失水干燥，导致脱壁，不能使用（图3-17）。

图3-17　保存

三、菌种分离

蛹虫草的菌种分离，是指在无菌条件下，利用蛹虫草的子实体或孢子作为繁殖材料，经人工分离培养获得纯菌种的过程。常见的菌种分离方法有组织分离和孢子分离两种。

1. 组织分离

组织分离利用食用菌子实体内部组织进行分离，是获得母种最简便的方法。组织分离是一种无性繁殖方式，后代能保持原菌株的优良遗传特性，菌丝发育健壮、生活力强，不易发生遗传重组等变异，因此常被生产上采用。具体操作如下。

（1）种源选择　用作组织分离的蛹虫草菌株应具有生育周期短、发菌快、转色快、抗性强、产量高、药用及营养价值高等优良性状。人工驯化及野外采集的菌株均可以（图3-18，图3-19）。一般选择颜色和形态典型（最好选择顶端组织有龟背状花纹的子实体），干净、健壮、无病虫害，前端头部还未明显膨大，未成熟的子实体（子座）作为分离材料。

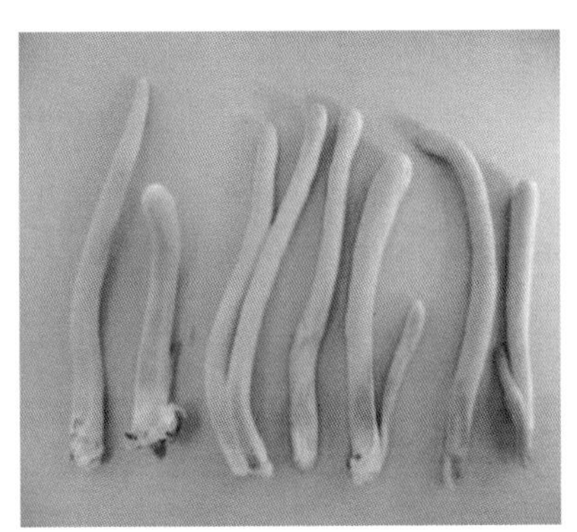

图3-18　人工栽培蛹虫草

图3-19　野生蛹虫草

（2）分离方法　将选好的新鲜菌株用无菌水清洗外表泥土及杂菌孢子，再用75%酒精棉球擦拭子座表面，用干的无菌滤纸吸干后进行分离。

分离先用手术刀片剥开子座，切去其外层，切取髓部组织一小块（$1m^3$），迅速移接到母种培养基的中央，在22～25℃的恒温箱中暗光培养，定时观察生长情况（图3-20）。

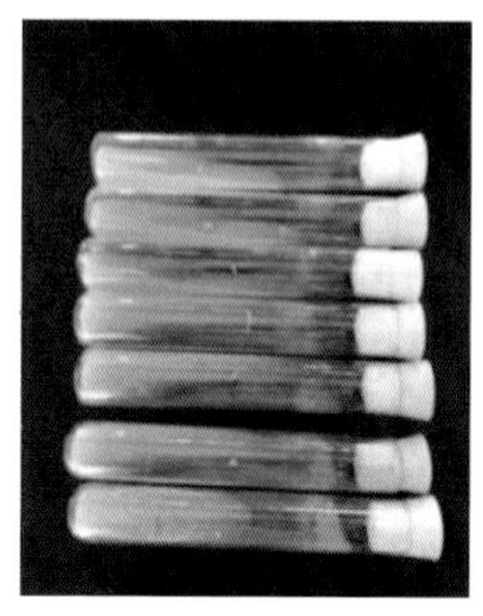
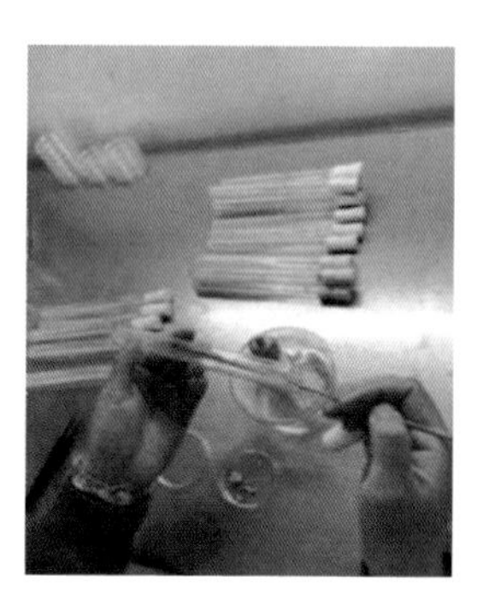

图3-20　组织分离

2～3d后，在组织块周围长出放射状的白色新菌丝，5～7d即可形成2～3cm左右的菌落，选择菌落边缘整齐、菌丝洁白、粗壮浓密，气生菌丝少的菌落，在无菌条件下用接种针挑取菌落边缘尖端菌丝于固体斜面培养基上，22～25℃、避光的条件下进行纯化培养（图3-21），10～15d菌丝长满斜面后，选择菌落边缘整齐、爬壁能力强、菌丝洁白、粗壮浓密，气生菌丝少、见光转色快的菌株，作为母种，用于鉴定及扩大培养。

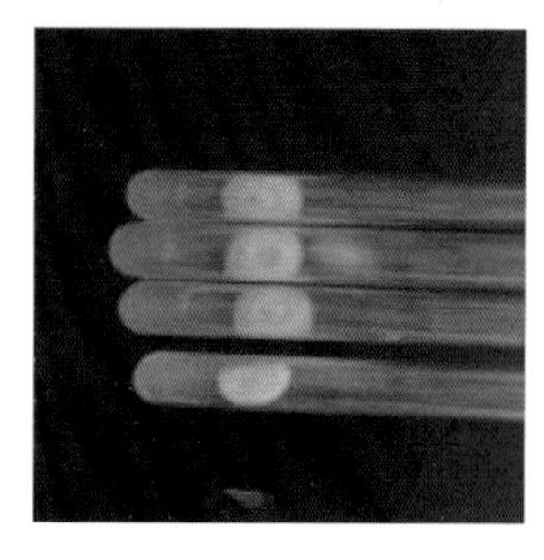
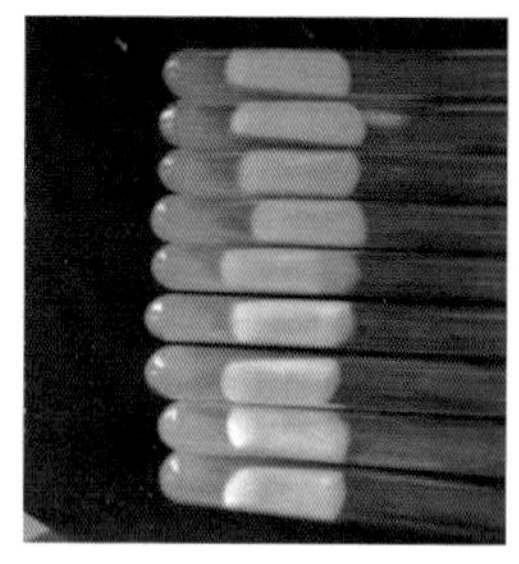

图3-21　蛹虫草菌种尖端纯化培养

（3）母种的鉴定　对纯化的菌株进行液体培养（见液体原种制作），接种于麦粒培养基上进行出草实验，通过子实体产量、商品性状品比，即可获得优良的生产母种，于冰箱中4～5℃保存，备用，用于扩大培养。

2. 孢子分离

孢子分离是指利用成熟食用菌子实体的担孢子或子囊孢子能自动从子实体层中弹射出来的特征，在无菌条件下和适宜的培养基及培养条件下，使孢子萌发成菌丝，获得纯种的一种方法。属于有性繁殖，孢子数量大，易于筛选性状更优良的菌株，这是由于孢子分离须经过减数分裂、有性孢子配对等过程，更易产生相关基因变异及重组。孢子的生命力强，所得菌种种龄小，活力旺盛。

孢子分离有单孢分离和多孢分离两种。对于蛹虫草二极异宗结合的食用菌，为避免产生单孢不孕现象，必须采用多孢分离法。具体操作如下。

（1）种源选择　菌株选择同组织分离，一般选择生长良好，清洁，八分熟子实体（子座）。

（2）分离方法（图3-22）　将选好的新鲜菌株用无菌水冲洗数次，无菌滤纸吸干后悬挂在铁钩上，钩的另一端挂在三角瓶口上，三角瓶内装有母种培养基，子实体距培养基表面2～3cm，待子实体顶端膨大，可见粉状突起时，轻轻敲打瓶壁，促

图3-22　孢子分离

进孢子弹射，在23℃培养5～6d后，培养基表面可见白色星芒状菌落，挑取菌丝洁白、长势强壮的单菌落移至斜面母种培养基上，在22～25℃、避光的条件下进行纯化培养，10～15d菌丝长满斜面后即为母种，用于扩大培养。

蛹虫草母种的来源，除按上述方法分离得到外，也可向正规的菌种生产单位购买。

3. 母种鉴定

（1）出草实验　经过组织分离、孢子分离及外购的蛹虫草母种，需经过出草实验验证后，方可应用于规模化栽培。出草实验的液体培养基及培养方法同蛹虫草液体原种培养相同（图3-23）。将母种液体培养后接种于米饭培养基或其相应的栽培培养基上，于18～20℃下培养20～30d，观察生长情况。若见有细菌或霉菌污染，应对母种进一步纯化；若无杂菌污染，可继续培养，一个月后即有橙红色子实体产生，记录子实体转化率和菌株特性。

图3-23　出草实验

（2）分子鉴定　采用野生蛹虫草分离、纯化获得的菌种，必须到有资质的菌种鉴定机构进行分子鉴定为蛹虫草后，方可应用。

4. 母种质量要求

（1）感官要求　优良的蛹虫草生产母种菌丝洁白、短绒毛状、平伏，边缘整齐，无角变、无脱壁现象，厚薄均匀一致，气生菌丝中等，菌苔底部呈淡黄色，见光易转成均匀的橘黄色。

（2）显微形态　显微镜下无杂菌，菌丝粗壮，分枝丰富、气生菌丝无色、有隔，菌丝光滑均匀，分生孢子着生在孢子梗的顶端拟球型或拟卵圆型。

（3）子实体形成能力要求　优良的蛹虫草生产母种，在适宜条件下所形成子实体转化率在80%以上，子实体密度适中、条形匀称，呈鲜艳的橘黄色。

5. 母种保存

母种一般在冰箱中保存，保存温度为4～5℃；生产母种的保藏时间不得超过3个月，如超过保藏时限，需重新进行出草鉴定合格后，方可应用于生产（图3-24）。

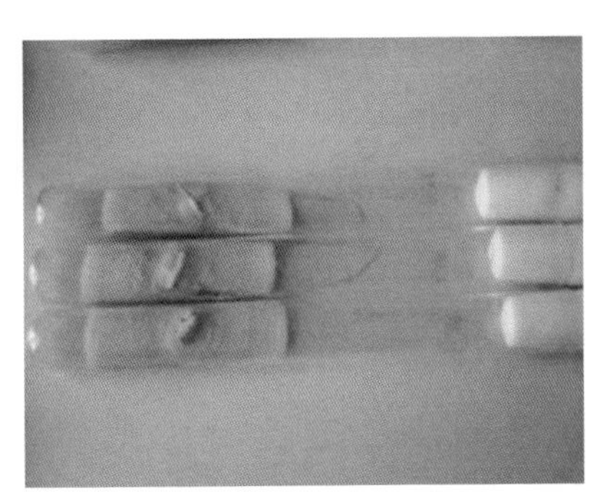
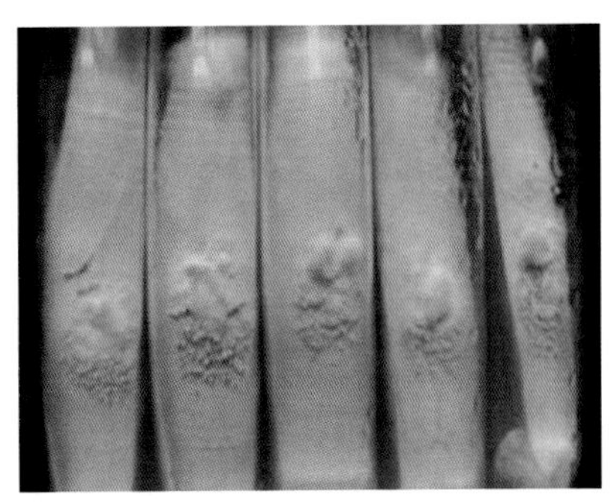

图3-24　出草能力检验

四、母种的扩繁

由于分离获得的或购买来的母种数量有限，不能满足生产的需要，因此，在液体菌种生产前，应依据液体菌种生产使用计划，对获得的母种进行扩大培养，以起到菌种活化及增加母种数量的目的，满足生产的需要。

1. 培养基制备

同母种培养基制备。

2. 母种的转管扩繁

将试管菌种接到新的试管斜面上扩大繁殖，称为继代培养，转管。经出草鉴定合格的母种，必须严格按照无菌操作的要求在超净工作台或接种箱内进行转管扩繁，试管口要控制在离酒精火焰10cm范围内进行操作。

母种扩繁传代的方法一般采用斜面划线或者点接的方法，母种扩繁过程中，用灭菌的接种针，除去母种斜面的尖端部分，从母种试管内钩取直径约2mm大小的种块，放入预接种培养基斜面中央，或按住菌块在斜面培养基表面进行划线涂布接种，迅速塞上棉塞，贴好标签。一般1支母种可以转接30～40支母种，从而满足生产上的需要，为了防止菌种变异，扩繁代数应不超过3代。

3. 母种培养

扩繁后的母种培养条件的要求与菌种分离培养条件相同，在22～25℃的恒温箱中避光培养，及时挑出污染菌株，10～15d后菌丝长满斜面（图3-25）。

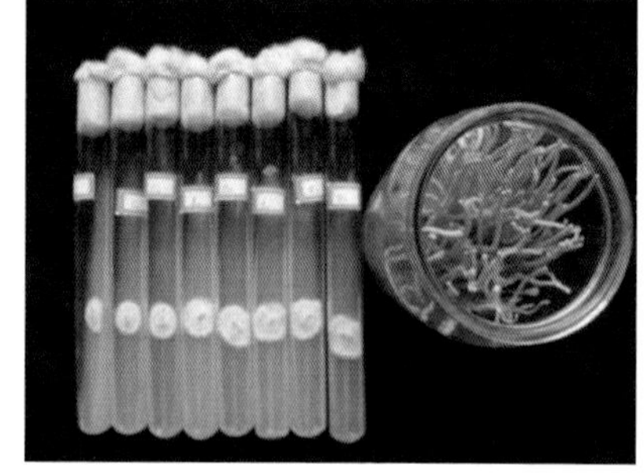

图3-25　母种培养

由于蛹虫草属于子囊菌，特别容易变异，所以挑选母种应特别谨慎，尽量挑取气生菌丝少，呈同心圆状生长，见光转色快的菌种；而气生菌丝多，呈棉絮状生长，边缘不规则，转色慢的菌种应淘汰。

第二节　液体菌种制作

液体菌种是用液体培养基在生物发酵罐中，通过深层培养（液体发酵）技术生产的液体形态的蛹虫草菌种。与固体菌种相比，液体菌种具有生产周期短、菌龄一致、活力强、纯度高、出菇齐、接种方便且快速等优点，利于蛹虫草生产的规模化、工厂化。

液体菌种制作工艺流程：母种→液体原种制作（液体摇瓶培养）→发酵罐或培养器（液体栽培种）。

一、液体原种制作

液体原种即液体摇瓶培养，是将盛液体培养基的三角瓶在摇床或磁力搅拌器上不停地摇动，使氧气更多地融入发酵液中，从而使菌丝迅速生长。摇床生产的液体菌种可用作发酵罐的种子，也可直接用于栽培生产。

1. 所需工具及设备

（1）三角瓶（图3-26）　用于盛放液体原种培养基，一般选择500ml、1 000ml或2 500ml规格的三角瓶。

（2）摇床（图3-27）　用于震荡三角瓶。震荡的目的是通氧和溶氧，促进菌丝体正常生长。摇床有自动温度调节控制和依靠培养室控制两种。震荡方式一般选择旋转式，因为旋转式培养，瓶内培养基会沿着瓶壁旋转，不发生冲击，利于菌丝生长。

图3-26　三角瓶

图3-27　摇床

（3）磁力搅拌器（图3-28）　用于三角瓶中液体培养基的搅拌。其基本原理是利用磁场的同性相斥、异性相吸的原理，使用磁场推动放置在容器中带磁性的搅拌子进行圆周运转，从而达到搅拌液体的目的。

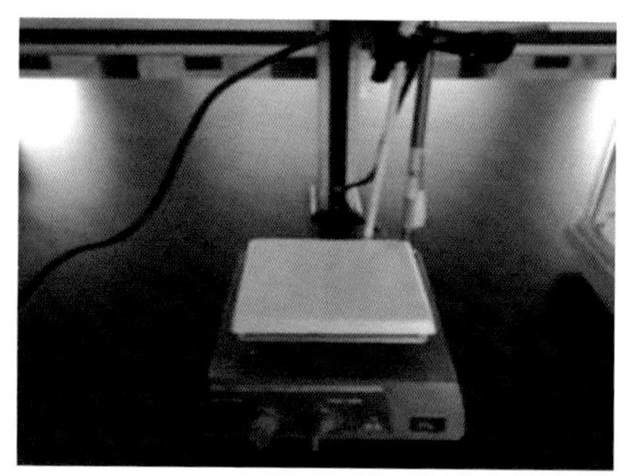

图3-28　磁力搅拌器

（4）生物显微镜（图3-29）　生物显微镜可用来观察生物切片、生物细胞、细菌以及活体组织培养、流质沉淀等，是食用菌液体菌种生产必备的液体菌种质量检查设备，在蛹虫草液体菌种实际生产过程中，可利用生物显微镜，通过低倍、高倍、油镜显微观察，可动态观察菌丝生长状况和有无杂菌污染，显微镜的使用及维护，要严格按照说明书进行。

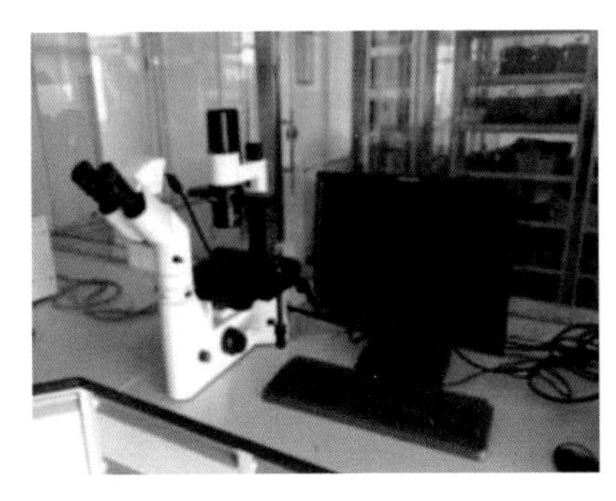
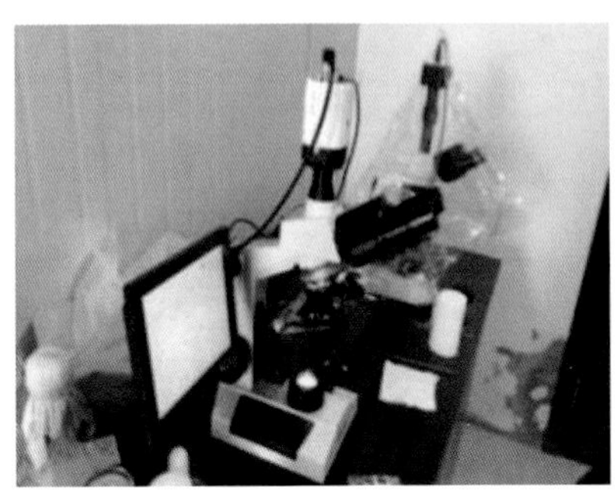

图3-29　生物显微镜

2. 培养基制备

（1）常见液体原种培养基配方

①马铃薯200g，红糖20g，蛋白胨3g，磷酸二氢钾2g，硫酸镁1g，维生素B_1 10mg，水1 000ml。

②马铃薯200g，葡萄糖10g，蛋清液30g，磷酸二氢钾2g，硫酸镁2g，维生素B_1 10mg，水1 000ml。

③马铃薯200g，葡萄糖10g，茧蛹粉30g，磷酸二氢钾2g，硫酸镁2g，维生素B_1 10mg，水1 000ml。

④马铃薯100g，葡萄糖20g，麦麸50g，水1 000ml。

⑤玉米粉10g，红糖10g，花生粉10g，蛋白胨3g，磷酸二氢钾1g，硫酸镁0.5g，水1 000ml。

⑥玉米粉20g，葡萄糖10g，麦麸50g，水1 000ml（将麦麸、玉米粉混合，加水，煮沸20min后，过滤取汁，再加入葡萄糖）。

⑦茧蛹粉10g，葡萄糖10g，蛋白胨10g，奶粉12g，磷酸二氢钾1.5g，磷酸氢二钾1g，水1 000ml（茧蛹粉煮沸30min，过滤）。

⑧淀粉10g，红糖10g，黄豆粉10g，酵母粉2g，磷酸二氢钾1g，

硫酸镁0.5g，水1 000ml。

⑨蔗糖30g，蛋白胨2g，奶粉10g，酵母浸粉5g，磷酸二氢钾1g，硫酸镁0.5g，维生素$B_1$50mg，水1 000ml。

（2）制备方法　以制备1 000ml玉米粉、葡萄糖培养基（F）为例。

①秤量。按配方秤取各原料备用。

②提取汁液。把秤量好的20g玉米粉和50g麦麸，放入1 000ml水中煮沸，之后用文火维持15～20min，用4～6层纱布过滤，去掉渣滓，取其滤液倒入锅中。

③溶解。在滤液中加入秤好的葡萄糖并搅拌均匀，使之完全溶解，补充水分至1 000ml，pH自然，趁热迅速分装。

④分装。分装三角瓶时，培养基装入量不超过三角瓶最大容积的1/3，500ml三角瓶装液量不超过200ml，1 000ml三角瓶装液量不超过400ml，2 500ml三角瓶装液量不超过850ml。培养基不可装得过满，装得过多，不能保证在转动时有充足的氧供应，同时在摇瓶时，培养基易溢出，包扎瓶口的纱布或胶塞容易被溅湿，易感染杂菌污染（图3-30）。

⑤包扎。培养基分装好后应立即塞上胶塞或用8层纱布包扎瓶口，外面用牛皮纸包扎，以防灭菌时打湿纱布（图3-31）。

图3-30　分装三角瓶

图3-31　包扎

⑥灭菌。使用高压蒸汽灭菌锅灭菌，灭菌条件为0.12MPa（121℃），持续30min。自然降压后，取出培养基移入超净工作台或接种箱中，冷却后接种。

⑦杂菌检验。为检查灭菌是否彻底，应将灭菌后的摇瓶培养基于25℃±1℃恒温箱中培养2～3d，观察确认无混浊、无异味，即可用于接种。

3. 接种

接种用的母种要求菌龄短、活力强，在冰箱里保存的菌种，在使用前要进行活化。严格按照无菌操作规程，在无菌条件下，将母种迅速移接到液体培养基中。接种时，要将斜面前端干缩部分去掉，挑取新鲜的、生长旺盛的中间部分，但是应该去掉接种点，并用接种针将母种菌块割成米粒大小，接入液体培养基中。一般1支母种接10～15瓶三角瓶。

4. 培养

接种完成后，将三角瓶移入摇床或磁力搅拌器23℃避光环境下静止培养24h，使蛹虫草菌丝恢复生长后开始震荡、恒温、避光培养。摇床转数控制在150～180转/min，转数过大，菌丝断裂、损伤过甚，不利于菌丝生长；转数过小，形成的菌球太大，不符合生产要求。每天检查污染情况，及时挑出浑浊的，或瓶壁上有黄、绿、灰色霉菌孢子，或有臭味、异味的菌瓶，4～5d后结束培养（图3-32）。

图3-32　液体原种培养

5. 液体原种标准

优良液体原种标准为菌球细小，直径1mm左右，均匀一致，菌球和菌丝总量占液体培养基80%以上，发酵液清亮透明，无混浊，具有蛹虫草特有的香气；同时，在显微镜下无其他微生物生长，菌丝强壮、无脱壁自溶现象（图3-33，图3-34）。

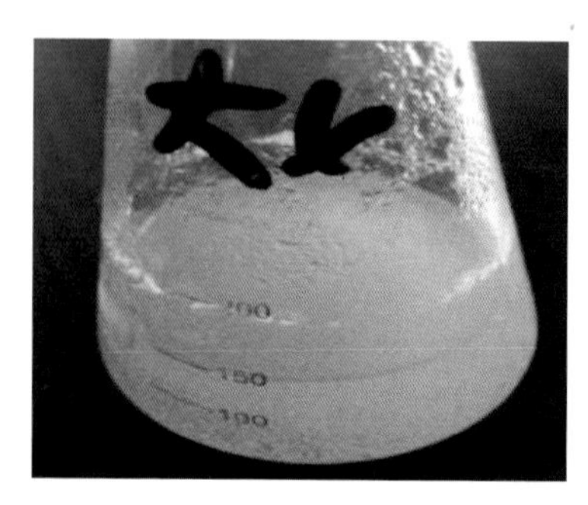
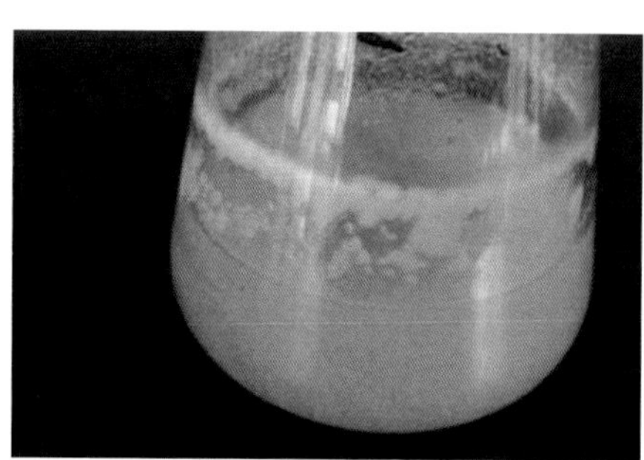

图3-33　优良液体原种

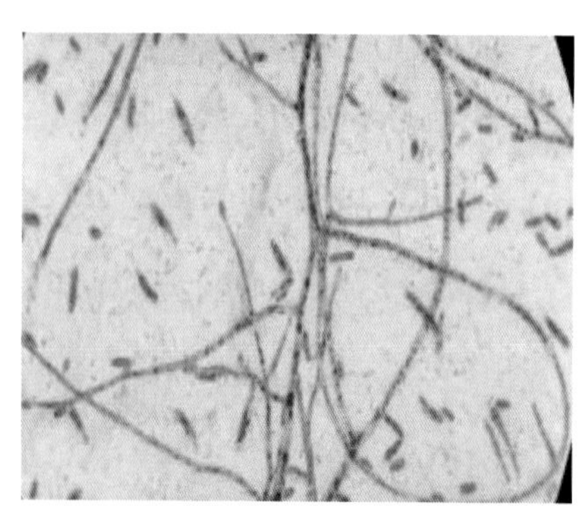
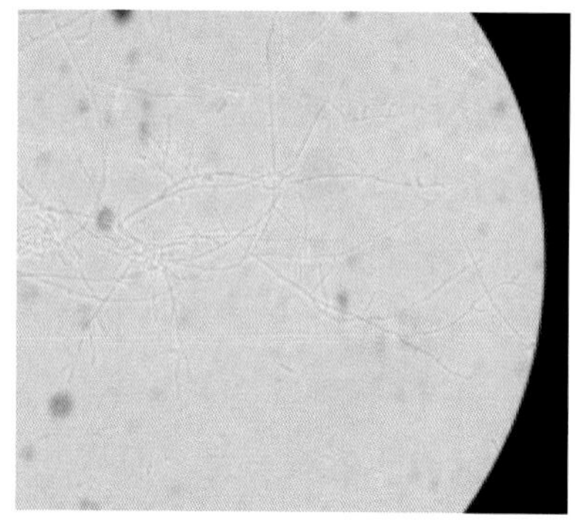

图3-34　优良液体原种显微图片

二、液体栽培种的制作

液体栽培种即发酵罐或培养器培养，是生物发酵原理，给菌丝生长提供一个最佳的营养、酸碱度、温度、供氧量，使菌丝快速生长，迅速扩繁，在短时间达到一定菌球数量，完成一个发酵周期。

蛹虫草液体栽培种规模化生产模式主要有：生物摇床震荡培养法、发酵罐液体深层发酵培养法及培养器吹氧培养法。液体栽培种有以下八大优点。

成本低 制种成本是固体的1/30；

时间短 制种时间是固体的1/10；

萌发快 接种后6h萌发，24h菌丝布满接种面；

生长快 栽培养菌时间比固体缩短1/2；

纯度高 设备完全密闭运行，菌种纯度高、活力强；

污染少 菌种萌发速度快，杂菌几乎没有侵染机会；

菌龄短 菌包上下菌龄一致，出草齐、产量高；

自动化 按键操作，自动化程度高。

1. 工具及设备

（1）生物摇床 用于液体栽培种震荡培养，生产液体栽培种的摇床与液体原种生产使用的摇床相同，震荡方式为旋转式。摇床种类主要有自动温度调节控制和依靠培养室环境温度控制两种，若采用培养室环境温度控制菌种培养温度，需配置空调。培养容器通常选用3 000ml盐水玻璃瓶，该方法适合中小规模蛹虫草液体栽培种生产。

（2）发酵罐 是一个圆柱形的不锈钢罐子，罐内盛放发酵液，用以培养栽培种，其构造分为罐体、罐盖与附属装置三部分（图3-35）。体积一般为40～500L。使用发酵罐法生产液体栽培菌种，需要配置无油空压机及空气过滤系统（图3-36），为菌种生产过程中气体搅拌及菌种生长提供洁净的空气。配置蒸汽发生器用于发酵罐空消（指空气消毒和空间消毒，简称“空消”）和培养基实消（实罐灭菌简称“实消”）。

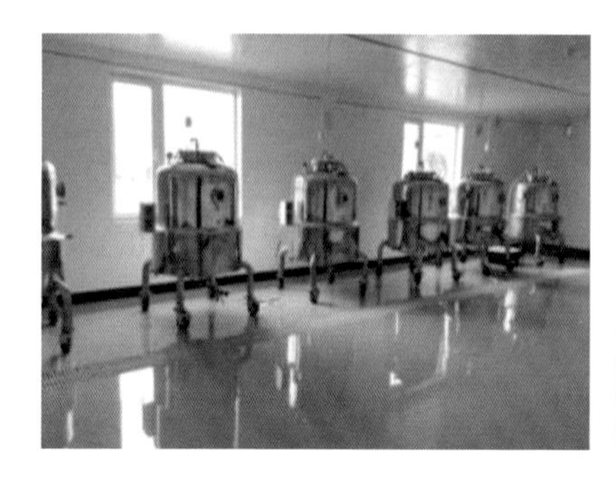

图3-35　发酵罐

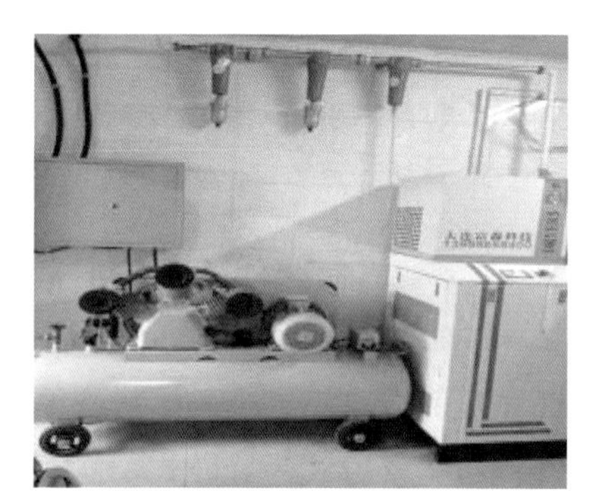

图3-36　空压机及空气过滤系统及电热蒸汽发生器

图3-37　培养器

（3）培养器　由于发酵罐及附属设备价格昂贵，成本高，可以用其他培养器代替，常见的培养器为规格3 000ml的玻璃瓶（图3-37），瓶口有通氧弯管直通入培养基中，与发酵罐相同，外面连接空压机及空气过滤系统，作用是一方面可以为培养基通入新鲜的氧气，满足菌丝生长的需要，另一方面可以吹动培养基，使培养基流动起来，相当于摇床震荡培养。

（4）菌种瓶　用于发酵结束后菌种的保存，常见规格为3 000ml玻璃瓶（图3-38）。

图3-38　菌种瓶

（5）精密pH试纸或pH检测仪　用于液体栽培种的酸碱度检测。

2. 培养基制备

（1）常见液体栽培种配方　液体栽培种培养基与液体原种培养基基本相同，以缩短菌丝对培养基的适应期，使菌丝尽早进入快速生长期。但由于制作容器比较大，一次消耗的原料量多，生产时应考虑成本。尽量使用较廉价的原料，例如红糖、糖蜜代替葡萄糖。

（2）制备方法　基本同液体原种培养基制备方法相同。

3. 摇床培养法

（1）培养基分装　把制备好的液体栽培种培养基装入1 000ml三角瓶中，液体培养基装入量为400ml/瓶，塞上胶塞，用聚丙烯塑料袋扎好，准备灭菌。

（2）培养基灭菌　使用高压蒸汽灭菌锅灭菌，灭菌条件为0.12MPa（121℃），持续1h。自然降压后，取出培养基移入超净工作台或接种箱中，冷却后接种。

（3）接种　接种量一般为1%～1.5%，即每瓶培养基400ml接入4～6ml的液体原种。严格按照无菌操作规程，在无菌条件下，用灭菌的移液管将适量的液体原种迅速移接到液体培养基中，塞上胶塞，用聚丙烯塑料袋扎好，移入摇床上，准备培养。

（4）培养　把接完菌种的液体培养基，放到生物摇床上，固定，在培养温度20～22℃、150～180转/min的条件下避光培养，每天检查污染情况，及时挑出浑浊的，或瓶壁上有黄、绿、灰色霉菌孢子，或有臭味、异味的菌瓶，3～4d后结束培养，备用。

4. 培养器吹氧培养方法

（1）培养基分装　将制备好的液体栽培种培养基装入3 000ml盐水瓶中，培养器中液体培养基装入量为2 300ml/瓶，塞上替代的胶塞，把带胶塞的通氧弯管用聚丙烯塑料袋扎好，一起准备灭菌。

（2）培养基灭菌　使用高压蒸汽灭菌锅灭菌，灭菌条件为0.12MPa（121℃），持续1.5h。自然降压后，取出培养基移入超净工作台或接种箱中，冷却后接种。

（3）接种　接种量一般为5%～10%，即2 300ml的培养基接入115～230ml的液体原种。严格按照无菌操作规程，在无菌条件下，将液体原种迅速移接到培养器中，去掉替代胶塞，塞入带有通氧弯管的胶塞。接种时，要将三角瓶培养的菌球用匀浆器或打碎机将菌丝打成片段，菌球打碎后，菌丝断裂，菌丝端部数增加，生长速度加快。

（4）培养　将接种完的培养器移入洁净的培养室中暗光培养，培养温度20～22℃，同时打开空气过滤系统，开始通新鲜空气，先开启小气量通气开关吹氧1d，再启动大气量通气开关吹氧2～3d，通氧管道前端距培养液底部1cm左右，这样通气搅拌的效果较好。每天检查污染情况，及时挑出浑浊的，或瓶壁上有黄、绿、灰色霉菌孢子，或有臭味、异味的菌瓶，3～4d后结束培养。

5. 发酵罐培养方法

工艺流程：清洗和检查→空消→投料→实消→降温冷却→接种→发酵培养→接出菌种。

（1）清洗和检查　装罐前要将罐内清洗干净，达到无死角、内壁无任何培养料残余物的洁净程度。同时，应对发酵罐及其附属设备的机械、电气部件进行全面检查。

（2）空消　培养基实罐灭菌前一般先进行空罐灭菌，即对投料之前的空气过滤器、发酵罐体及管道进行消毒灭菌，使发酵罐死角灭菌较彻底。应打开蒸汽机、压缩机及发酵罐总开关，利用热蒸汽进行空消。空消条件为140℃灭菌1h。

（3）投料　冷却，向灭菌过的发酵罐内装入制备好的液体栽培种培养基，加水定容至所需体积。装入量为发酵罐容量的60%～80%，使罐内留有适当空间，利于通气、供氧、溶氧。为防止发酵过程中产生泡沫，应加入适量消泡剂。

（4）实消　即把发酵罐内培养基进行灭菌，预热夹层至90℃，升温时适当开动搅拌器，使培养基受热均匀，以防固形物沉于罐底，影响灭菌效果，10min后放蒸汽进入内层，126℃灭菌1h。

（5）降温冷却　打开降温开关，利用发酵罐外夹层水套及蛇形管灌冷水降温。当温度降到24℃以下且基本上平稳不动时接种。

（6）接种　接种前停止搅拌和冷却，注意开排气口，关进气口，并降低罐压，但要时刻注意不能产生负压，否则接种时杂菌容易进入罐中，造成污染。接种时用酒精棉围在接种口周围并点燃，使接种口上方形成无菌圈，打开接种口的盖子，放到准备好的75%酒精棉中，然后将菌种在火焰上方倒入发酵罐中，迅速盖上盖子，并用湿布扑灭火焰。

接种量一般为发酵罐容积的10%～20%，在有条件的情况下，以接种量大为宜。接种量大，蛹虫草菌丝体能很快占据培养环境和吸收营养，快速繁殖，可以更有效地控制杂菌污染，缩短发酵周期。

（7）发酵培养　发酵罐接种后，通入空气，调节罐温和罐压进行培养。具体条件如下：①温度。培养温度一般为20～22℃。②搅拌速度。为使通入发酵罐的空气均匀分散到发酵液中，并提高其溶氧系数，发酵液需要不断搅拌，搅拌还能使菌丝断裂，提高细胞分裂速度。搅拌速度一般为180～220转/min。③通气量。蛹虫草菌丝在发酵生长时需要呼吸，产生能量，因此，需不断地提供氧，并放出CO_2。通气量的大小直接决定发酵液中溶解氧的浓度，影响菌丝体生长和获得率。通气适量，菌丝球容易过滤，通气不适量，菌丝球过滤困难，菌丝体获得率低。发酵前期，通气量为1：（0.5～1）（发酵液体积/每分钟通入空气体积）为宜，中后期可加大至1：（1～1.5）。④罐压。在发酵培养过程中，要维持一定的罐压，时刻防止因搅拌产生负压，从而使罐外空气通过孔口时吸入杂菌。一般罐压维持在0.05MPa左右。⑤酸碱度。蛹虫草菌丝生长繁殖的最适宜pH值为6.5左右，发酵液应该呈微酸性，且应随时观察pH变化。菌丝衰老、自溶时，由于菌体蛋白增加，氨态氮增多，发酵液pH值会上升，感染细菌，也会使发酵液pH值上升，要定时调节酸碱度，向罐内添加碱液或酸液。碱液一般为0.5mol/L的氢氧化钠，酸液一般为1mol/L的盐酸。

（8）菌种分装　经过3～4d的培养，发酵液达到终点时指标，就可以结束发酵，进行菌种分装。下种时先关闭搅拌，严格按照无菌操作要求，用75%的酒精棉擦拭发酵罐的放料口，用酒精灯火焰消毒1min后，无菌操作，打开阀门，快速把菌种分装到3 000ml灭菌的菌种瓶中，每瓶接入2 300ml左右。

6. 液体栽培种标准

优良液体栽培种标准如下（图3-39）。

（1）感官指标　菌液为浅黄棕色至红棕色，菌丝体絮状或小球

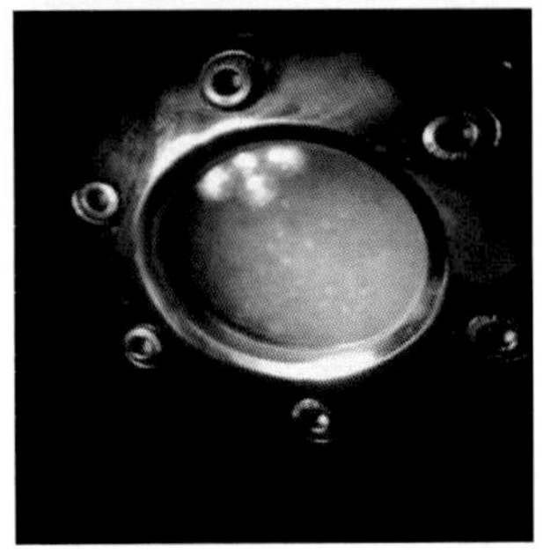

图3-39　优良液体栽培种

状，较均匀一致，直径在1mm以下，白色，总量占液体培养基的80%以上，滤液呈淡黄色，有大量菌丝体悬浮、分布均匀，少许沉淀，有蛹虫草液体菌种培养时特有的香气，无异味。

（2）菌球密度　每毫升培养液中含有菌球1 000～1 500个。

（3）菌丝体干重　菌丝体干重为0.4～2.8g/100ml。

（4）pH值　终pH值在4.5～5.5。

（5）显微镜检　菌丝体大量分布，菌丝粗壮，菌丝内原生质分布均匀，菌丝分枝丰富，形成液态孢子，无其他真菌和细菌。

三、发酵培养检测

1. 发酵中间检测

发酵中间检测目的是了解发酵进程，检查发酵是否正常。

（1）纯度检测　主要检查是否有其他真菌及细菌污染。

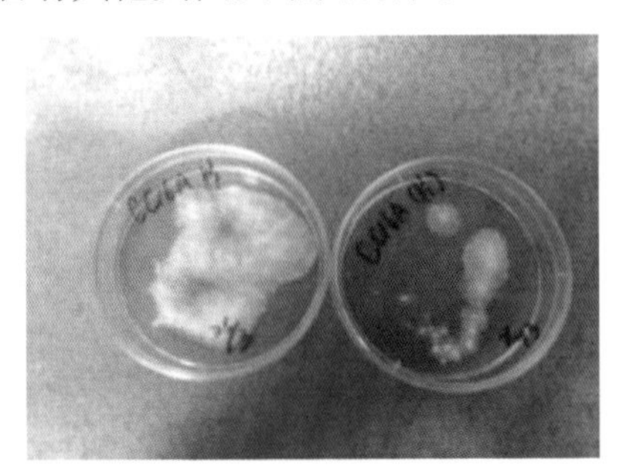

图3-40　真菌检测

真菌检测（图3-40）。把发酵液接到PDA平板培养基上，22～25℃暗光培养2～3d，观察是否有杂菌存在。

细菌检测（图3-41）。将发酵液接到牛肉膏蛋白胨液体培养基中，37℃暗光培养1d，观察培养基是否浑浊，如浑浊则表明有细菌污染。

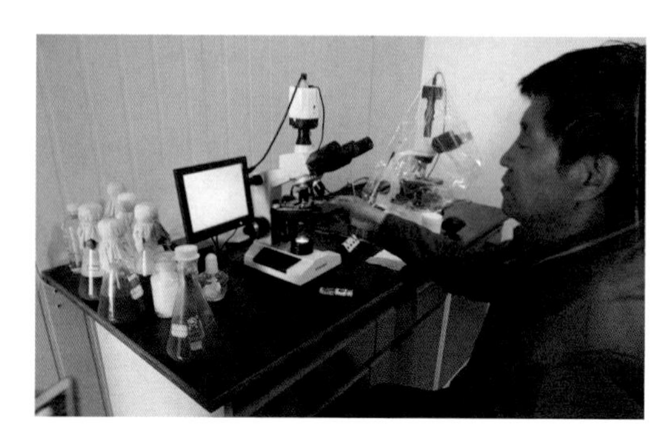

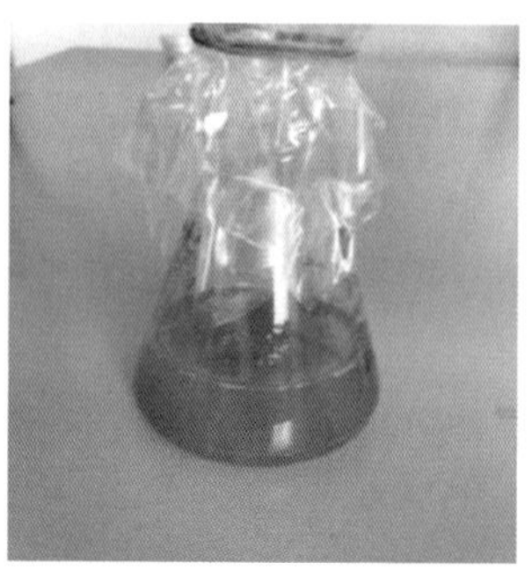

图3-41　细菌检测

显微镜镜检。把发酵液放在40×10的光学显微镜下检查，此法可同时检测是否有其他真菌和细菌的存在，且方便快速。

（2）活力检测　把发酵液接到小麦固体栽培培养基上，22～25℃暗光培养，观察菌丝的萌发情况和转色情况（图3-42）。

图3-42　活力检测

（3）酸碱度检测　可用精密pH试纸或pH检测仪检测。

（4）发酵液气味检测　在发酵罐排气口处检测发酵液气味。发酵正常气味为清香的菌香，无异味，如果闻到酸臭味，说明培养液已被污染。

2. 发酵终点检测

除了发酵中间检测的项目外，发酵终点检测还应检测菌球大小、菌球密度和菌丝体干重等指标。

（1）菌球大小　随机取培养基中菌球30～50个置于培养皿中紧密排成一排，测量总直径，求出菌球平均直径，重复3次。

（2）菌球密度　取10ml培养液，按一定比例准确稀释，摇匀后取一定量在直径为9cm的培养皿中摊匀，培养皿下垫方格纸，进行计数，求出每毫升培养液中菌球个数。每次处理重复3次。

（3）菌丝体干重　将培养好的菌液，以3 000转/min在离心机上离心15min，用蒸馏水洗涤菌球，再离心，然后将菌球置于60℃恒温干燥箱内烘干至恒重，称量。

四、液体菌种保存与记录

液体菌种制好后必须及时使用，液体菌种的保存采用低温保存，一般在冰箱4～5℃环境中，3d内必须使用。

液体原种和液体栽培种生产的每个环节都要有详实的生产记录，由具体操作人员现场记录填写，定期由主管领导审核，签字后归档保存。

五、菌种复壮

1. 蚕蛹培养基

先将活柞蚕蛹蒸熟，冷却，用刀片对称纵向锯切开，置于滤纸上，去除蛹中间的硬状物后，再横向从中间切一刀（只保留底部一层外壳，约占厚度的90%），避免蛹体受高温后发生弯曲，吸干蛹壳表面的水分，在规格为20mm×200mm的试管或250ml罐头瓶内放2～3块蚕蛹，用报纸和聚乙烯膜包裹瓶口，再用橡皮筋扎紧，于121℃下保持25min。

2. 液体菌种培养、接种、菌种初筛

无菌挑取蛹虫草生产出发菌株菌种斜面新鲜培养物3块，于蛹虫草液体培养中，于22℃、120转/min培养3d，用9层无菌纱布过滤，用吸管取过滤后的培养液接种至蛹体培养基内，共接种3瓶，18～20℃暗培养，当菌丝长满蛹体后，按照瓶栽方法进行见光转色、温差催蕾、出草管理（图3-43，图3-44）。

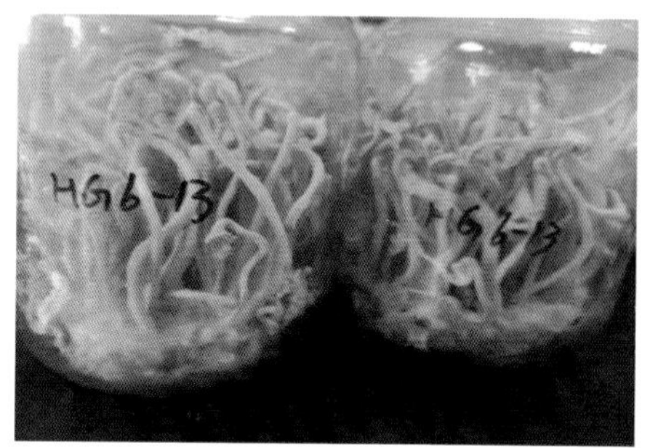

图3-43　出发菌株

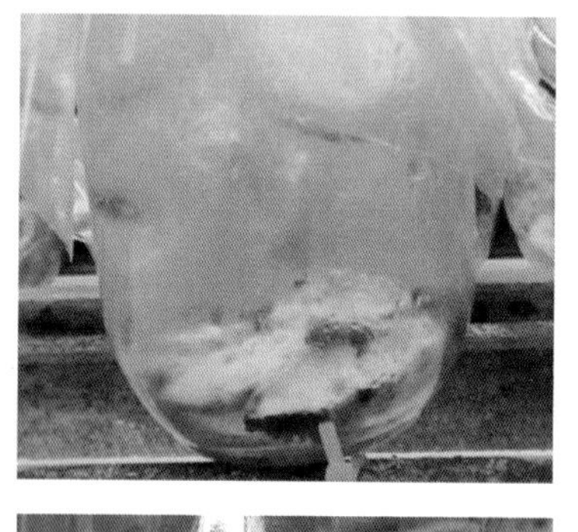
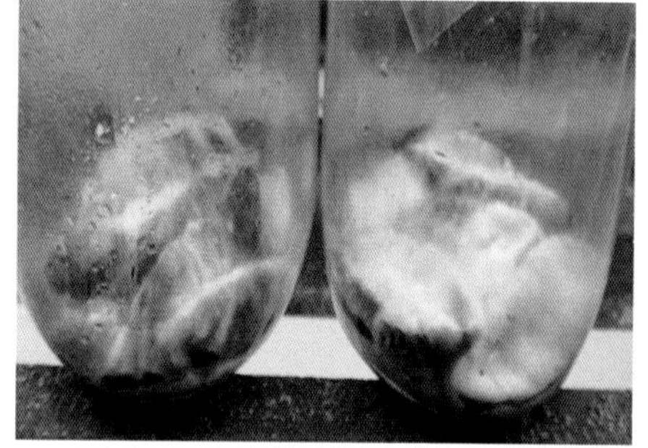

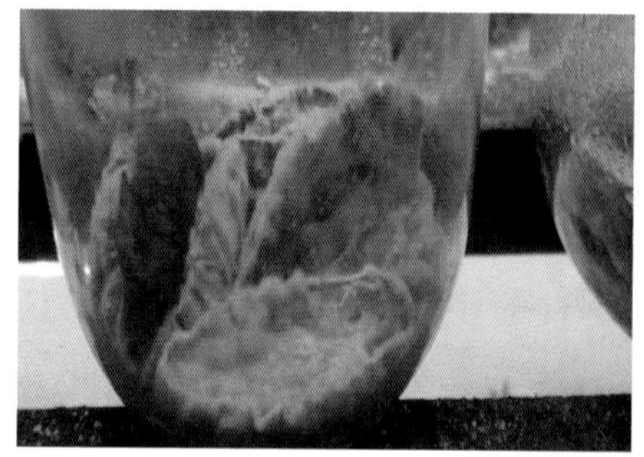

图3-44　初筛试验

3. 菌种复筛

按照组织分离法或孢子分离法进行分离菌种，通过出菇试验即可筛选获得优良蛹虫草母种（图3-45，图3-46）。

图3-45　复筛试验

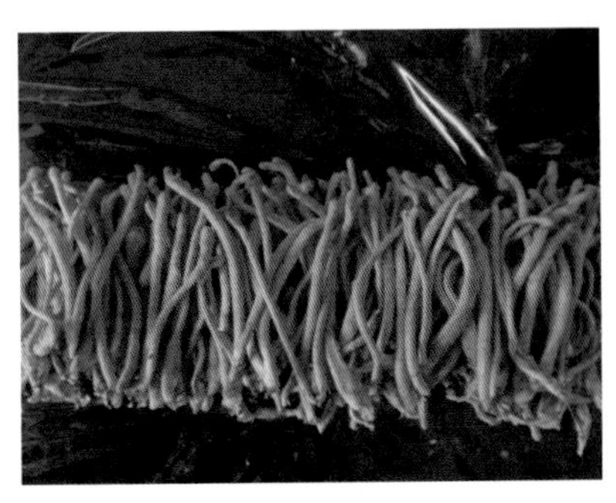

图3-46　菌株复筛后优良菌株子实体长势

第四章　主要生产技术

第一节　瓶栽蛹虫草生产技术

代料栽培蛹虫草一般有瓶栽法和盆栽法两种栽培模式。瓶栽法是利用蛹虫草专用栽培瓶（1 000ml广口瓶或罐头瓶）来生产蛹虫草，即发菌期和出草期都在瓶内进行。此法污染率低，成品率高，由于玻璃瓶透光度好，所产蛹虫草颜色鲜艳，质量好。

一、栽培季节

在自然气候条件下，我国北方地区一年可分为春、秋两季栽培。春季3—4月栽培，4—5月出草；秋季8—9月栽培，9—10月出草。

如果有空调设备或利用条件好的防空洞则一年四季都可栽培。

二、工艺流程

蛹虫草栽培的工艺流程：培养基制备→接种→发菌期管理→转色期管理→出草期管理→采收及加工。

三、场地准备

栽培蛹虫草的场所，应选择地势平坦、通风良好、水源充足、水质洁净、远离畜禽舍、无污染清洁卫生的地方。可利用空闲房屋、日光温室或塑料大棚做培养室。在栽培生产之前，要将培养室及周围环境打扫干净，将补光照明设备安装齐全，通风、保湿、增湿及遮阴设施应提前进行修整和完善。

四、架子准备

为提高栽培场所利用率，可采用符合卫生要求的材料制作摆放栽培瓶的培养架。现在一般采用木质或不锈钢材质。无论是哪种材质的培养架，在栽培生产前一定要进行清洗，若为木材做的层架，还要进行消毒和杀虫处理，以免病虫孳生，污染环境。

架子与架子之间距离80cm，架子距离顶棚要留有一定空间，约为1.5m，温室大棚前面，依次降低，后墙空余部分摆成架子，以一亩地大棚为例，可摆放750ml瓶，7万～8万个。

五、培养料配方

经典的蛹虫草栽培配方为：大米或小麦30g，自来水40～50ml，米：水比例为1：（1.2～1.5）。大米或小麦的选择要特别注意，符合无公害食品的标准，并要求新鲜、无虫蛀。也可用营养液代替自来水，在营养液中添加动物氮源（如茧蛹粉），形成子实体快又多，从而提高产量和品质。制备1 000ml营养液常用的配方如下。

（1）葡萄糖10g，蛋白胨4g，酵母膏4g。

（2）葡萄糖20g，茧蛹粉20g，硫酸镁0.5g，磷酸二氢钾1g。

（3）葡萄糖5g，豆奶粉10g，蛋白胨10g，磷酸二氢钾1.5g，硫酸镁0.75g。

（4）蔗糖15g，茧蛹粉15g，蛋白胨1.5g，柠檬酸0.5g，维生素B_1微量。

六、装瓶

首先将大米或小麦直接装入瓶内，然后加入适量的营养液或水，若为750ml蛹虫草专用栽培瓶，每瓶装入30g大米或小麦，加自来水或营养液50ml。装瓶时注意米粒或麦粒不要粘在瓶口或瓶壁，并使培养基表面平整。装瓶之后采用0.03～0.04cm厚的聚丙烯塑料薄膜双层薄膜封口（图4-1）。

图4-1　装瓶

七、灭菌

采用高压蒸汽灭菌，条件为0.15MPa（126℃），45min。灭菌时将锅内水分加足，瓶子紧凑摆放，但不能装得过紧，要留有一定的空隙，使热蒸汽流畅不产生死角，灭菌彻底。加热后当压力上升至0.05MPa时，开启放气阀放气，指针回零后关上，当指针继续上升到0.15MPa时，调节放气阀维持45min，自然降压后出锅。

采用常压蒸锅灭菌，条件为100℃，8～10h。无论采用哪种类型的常压灭菌锅，都要求锅的密封性能要好，否则难以达到100℃，灭菌不彻底。灭菌时将瓶摆放在事先备好的通透性好并耐热的容器中，如铁筐、塑料筐等，整齐地摆放在灭菌锅内，然后用保温性和密封性好的材料将锅周围密封严实。加热灭菌时要求一直保持上大气，不能间歇。另外，常压灭菌需要时间较长，用土蒸锅的要注意锅中水位，随时补水，防止烧干锅。补水时一定要补给热水，以防温度下降。灭菌结束后放置到接种室自然冷却，至28℃以下时准备接种。

米：水比例为1：（1.2～1.5），按照使用的小麦和大米原料含水量变化调整比例。小麦培养基栽培蛹虫草时，采用常压蒸锅灭菌，米与水的比例1：（1.5～2）；采用高压蒸汽灭菌，米与水的比例1：（1.2～1.5）。灭菌后的培养基（大米或小麦）应松软而不烂，即疏松透气又不太干。如果培养基水分过大，通透性差，菌丝难以吃透，仅在表面生长，培养基易于细菌污染，腐败变酸。如果太干，菌丝生长缓慢，瓶内小气候干燥，菌丝纤细无力，难以转色出草。

八、接种

首先，将冷却好的菌瓶、接种工具一起运到接种室，然后用紫外线灯照射30min后，在离子风机和酒精灯火焰保护下进行接种操作，接种人员应穿洁净的工作服，双手用75%的酒精棉球消毒。

选择菌龄适当，菌球均匀一致的优质液体菌种作栽培种，液体栽培种由于浓度较大，接种前需要用无菌水或营养液适当稀释，稀释倍数一般为6～10倍。无菌条件下，采用消过毒的接种枪或连续接种器接种，接种前，用200～300ml的液体菌种冲洗软管和接种枪的通道，然后接种，每瓶接种3～5ml。接种时，不用揭开封口薄膜，直接将菌液注入即可，接种口最好用一小块胶布封上，以防杂菌侵入。注意尽量使菌液接触料面的面积大且均匀，以使发菌一致。

九、发菌期管理

1. 发菌环境

培养室使用前应彻底清洗，用气雾消毒剂进行消毒，培养架、地面、墙壁用0.03%高锰酸钾溶液喷雾消毒一次。消毒结束后，要通风换气，排除室内残留的气体，然后立即封闭门窗待用。培养室要求清洁、干燥、黑暗、通风良好。

栽培瓶采用层架式卧式叠放，每层叠放以4～5层为宜，把已经萌发的栽培瓶整齐地卧位分层摆放在培养架上，瓶口朝外，轻拿轻放，架子下层距地面25cm以上，距墙面不少于10cm。培养瓶之间要有利于通风和光照。

接种之后要及时将栽培瓶移入培养室，贴上标签，注明菌种编号、接种日期。接种后的栽培瓶应直立放置培养1～2d，以利于菌液渗透进培养料内，萌发后再上架培养。否则菌液或营养液会倒向一侧，导致出草不齐（图4-2）。

图4-2　发菌管理

2. 发菌条件

蛹虫草属于中温型食用菌，菌丝在6～30℃均可生长，最适温度为18～24℃。菌丝培养初期，以18～24℃为宜，后期即菌丝生长至培养基1/2～2/3时，温度要控制在18～22℃。

空气相对湿度控制在65%～75%，空气过于干燥，会使瓶内水分慢慢蒸发，影响菌丝生长和子实体的分化，要适时在室内地面喷水或空中喷雾加湿。

培养室内要通风良好，通风次数和通风时间要根据培养室内所放的菌瓶数确定，以保证室内空气清新度，即CO_2浓度控制在0.05%～0.03%。

菌丝生长不需要光照，应避光培养，室内要将门、窗用深颜色布帘遮严，保持黑暗，大棚上用草帘或遮阳网遮光。

当菌丝完全长满培养基表面以后，才能用光照刺激，使菌丝进入生殖生长阶段，否则过早见光会影响产量。

3. 检查

定期检测养菌区温度、湿度及瓶内温度，及时调整发菌条件，接种4d后，每隔2～3d逐瓶检查发菌情况，发现菌丝生长缓慢，要及时查找原因，以便采取适当措施加以补救，发现杂菌应及时处理。

十、转色期管理

经过10d左右，待菌丝长满培养基并在表面出现小小隆起时，表明菌丝已经从营养生长阶段转为生殖生长阶段，此时要增加光照，促进转色。转色时，每天需要12～14h的散射光，光照强度在200～400lx为宜，白天利用自然光，晚上光照不足时可用日光灯补光。温度保持在21～23℃，同时，还要给予3～5℃的温差刺激。空气相对湿度控制在80%～85%，保持良好的通风，在瓶口上扎孔放风，维持3～5d菌丝体即可转为橘黄色（图4-3）。

图4-3　转色管理

蛹虫草转色阶段是个非常重要的生理过程，通过转色，提高草的质量，转色好与坏，决定出草的数量和质量，不转色、转色不好、转色不足，都可导致不发生子座的严重后果。转色是蛹虫草生长过程中的关键，这一时期一定要控制好光照，并且光照应该是连续的，这样才能使蛹虫草转色均匀，色泽好，断断续续的光照对其影响比较大。栽培蛹虫草时，菌瓶在发菌过程中，如果见光多、时间长，亦可自然转色，但这样会使蛹虫草的质量下降。菌瓶未发满菌就发生转色，往往会发生“边草”“粗草”“簇生草”等现象，从而很难使整个料面整齐地出草，严重影响虫草的产量。

十一、出草期管理

当瓶内有原基出现时进入出草期，加强栽培瓶内外气体交换，每天通风2次，每次1～2h，保持温度18～22℃，提高空气相对湿度至90%，每天向地面、墙壁及空中喷清水雾保湿。光照强度在200～500lx为宜，白天利用自然光，晚上光照不足时可用日光灯补光，在子实体生长后期，适当提高光照强度和时间，以保证子实体金黄颜色（图4-4，图4-5）。

图4-4　出草管理

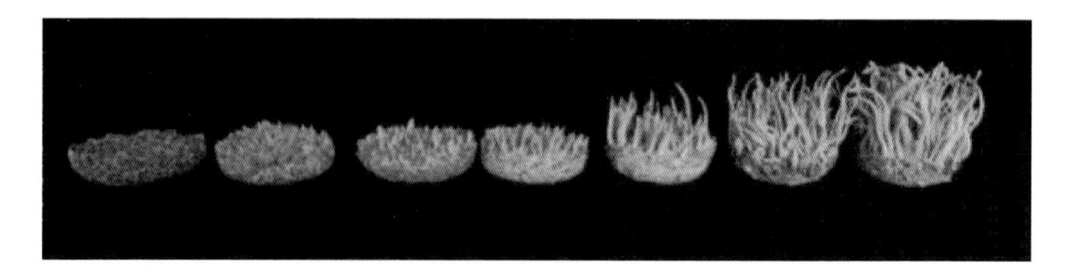

图4-5　原基期到采收期不同阶段生长情况

十二、采收

蛹虫草生长期为60～70d，当子实体长到9～12cm，顶端出现细毛刺状突起，孢子尚未弹射，此时为适宜采收期。采收时，须佩戴消毒帽子、口罩、手套，保证卫生，防止杂菌。采摘要求将子实体整根拔起，去掉基部残留麦粒或米粒，按照长度、粗细、色泽分级排放（图4-6）。

图4-6　采收

十三、烘干

新鲜子实体置于自然通风处阴干1d后，55～60℃烘箱快速烘干，降温稍作回潮后装入密封袋，于15～20℃黑暗干燥处贮存（图4-7）。

图4-7　烘干

第二节　盆栽蛹虫草生产技术

盆式栽培蛹虫草是目前广泛采用的一种模式，具有生产流程快速简便、生物学效率高、单位面积产量大、子实体品质佳等特性，是目前蛹虫草产业化生产发展的优选途径。

盆式栽培蛹虫草的培养基质一般采用小麦或大米为主要原料，该模式栽培在辽宁地区基本都是以小麦作为主要原料。盆式栽培的装料量与专用栽培盆的规格有关。选择栽培盆的规格要考虑到与设施设备的兼容性、子实体品质产量与效益等综合因素等，总之，要根据实际生产条件合理选择。

盆式栽培对蛹虫草生长期的管理技术要求相对更严格，如果控制不好将会造成蛹虫草产量和质量达不到优质要求，甚至会引起污染率居高不下，难以根除。

在生产过程中，要尽量完善生产的设施设备，提高机械化、自动化管理水平。目前，水帘控温技术已经广泛应用到我国北方蛹虫草日光温室栽培生产中。水帘控温技术一方面能够迅速排放日光温室内产生的热气和异味、有效洁净空间，另一方面，循环水流经水帘，可以使清凉、新鲜和含氧量高的空气源源不断进入日光温室内，形成最贴近自然环境的生态小环境，蛹虫草处于“自然”的环境中生长会有效提高品质和产量，降低日光温室内的污染概率。

光照是蛹虫草生产中不可缺少的必要条件之一。在日光温室内，必须根据栽培盆的摆放方式合理规划日光灯或节能灯安装数量和位置，一般使用节能灯生产成本会更低，所以目前安装的较多。

一、栽培时间

在我国北方地区，一般条件下，春季从2月下旬至3月初栽培，

5月上旬采收；秋季从8月中旬至9月中旬进行栽培生产，10月下旬至11月中下旬采收完毕。在设施化水平日益提高和生产技术水平不断进步的今天，温湿光气等条件已经能够通过仪器设备实现自动化的控制，可以实现周年化生产。

二、工艺流程

蛹虫草盆式栽培的工艺流程：培养基制备→装盆→加营养液→封口→灭菌（常压或高压）→冷却→接种→菌丝培养→转色期管理→子实体生长管理→采收→烘干→分级包装→储藏。

三、生产设施、设备要求

1. 场地选择

生产场地选择地势较高、水源清洁、排水畅通、水电设施设备齐全、交通便利的地区，周围1km^{2}范围内没有工业污染排放、没有畜禽舍、没有生活垃圾等。环境要求符合《食用菌菌种良好作业规范》（NY/T 1731—2009）要求，用水标准符合《生活饮用水卫生标准》（GB 5749—2018）。

2. 厂房布局及要求

（1）*厂房布局*　蛹虫草人工栽培厂房通常为砖混结构，能够保温、保湿，且通风良好，并按照蛹虫草生产工艺流程要求，合理进行生产场地功能性布局，包括菌种检验室、原材料库、生产准备区、灭菌区、冷却室、接种室、培养室、采收室、成品库及废料处理区等。其中，原料区和生产区最好做到有效隔离，保证生产环境洁净度达到最佳。废料处理区更要远离整个生产区域，并且废弃的培养基要及时清理干净，以免造成大面积污染。生产区的灭菌室、冷却室、接种室、培养室主要功能区之间建有洁净通道及缓冲间，减少杂菌污染及交叉感染杂菌的机会；冷却、接种室门窗要求具有良好的密闭性，以利于清洁、消毒。

（2）厂房要求及环境控制　做好原料室、配料室、灭菌室等功能区的环境卫生，菌种室、接种室、发菌室、出草室等重点操作区域需配置温度、空气相对湿度控制设施，主要功能区的墙面、地面、顶棚要光滑防水处理，并在使用前用0.2%高锰酸钾或2%～5%的漂白粉等消毒剂对地面、墙壁进行消毒，同时，用气雾消毒剂（4～6g/m^3）或甲醛（10ml/m^3）、高锰酸钾（5g/m^3）等方法熏蒸消毒。

3. 出菇层架及作业道

栽培盆可以直接摆放在地面上，有条件的生产地区也可以使用层架。生产层架采用塑料、金属等耐腐蚀材料，栽培户根据自身条件合理选择应用。培养架的高度及长度要按照厂房空间高度科学合理安排，层架的宽度0.5m，层距不低于0.4m，层架间距要根据采用栽培盆的规格合理设计，作业道宽度要按照有效利用空间、方便管理采摘、通风流畅的原则设计，一般作业道宽度为70～80cm。

4. 蛹虫草栽培容器

蛹虫草栽培容器（图4-8）规格可以为33cm×33cm×11cm、28cm×18cm×11.5cm、40cm×30cm×12cm，也可以使用其他符合栽培要求的方形塑料盆，或选择符合要求的直径12cm、高度11cm等圆形塑料盆栽培。要求栽培塑料盆透光度尽可能好。如果高压灭菌模式，必须选择耐高温高压的塑料盆容器。

图4-8　蛹虫草栽培容器

5. 封口膜

栽培盆里装好培养基和水之后，用塑料膜和皮筋封口，封口膜大小要根据栽培容器的规格来选取，厚度一般不超过0.04cm，透光度要良好，选用聚丙烯材料制成的塑料薄膜，这样有利于培养品质佳、色泽好的优质虫草（图4-9）。

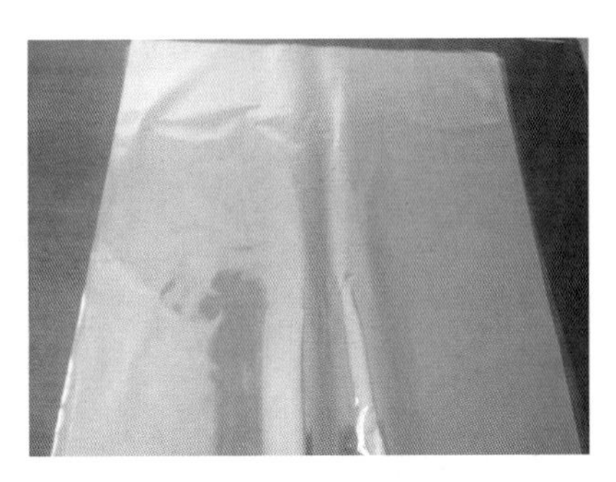

图4-9　封口膜

四、培养基配制

1. 培养基配方

（1）小麦100%，料水比1∶1.3。

（2）小麦95.8%，葡萄糖2%，蛋白胨1%，蚕蛹粉1%，硫酸镁0.2%，料水比1∶1.3。

（3）大米91.7%，蚕蛹粉4%，葡萄糖4%，磷酸二氢钾0.2%，硫酸镁0.1%，维生素B_1微量，料水比1∶（1.2～1.3）。

各地根据实际情况和需求，选择合适的培养基配方。料水比要根据小麦或大米的实际含水量确定。

2. 装盆

选择新鲜、无霉变的培养原料，根据培养基配方将基质装入专用栽培盆（图4-10）。以外径33cm×33cm×11cm的栽培盆为例，每盆装入培养基0.45～0.5kg，加水0.67～0.75L（批量生产前可少量蒸几盆培养基，根据原料含水量情况确定详细加水量）。在大规模生产中，要预先制作固定容量的培养料容器和水容器，以方便生产。加入定量的培养基和水后，用50cm×50cm×（0.02～

0.04）cm的聚丙烯塑料薄膜封口，并用皮筋扎紧，要求整理好塑料薄膜，使之紧贴栽培盆的边缘。

图4-10　原料装盆

五、灭菌

将装好培养基的栽培盆摆放到灭菌车上，推入灭菌锅（图4-11）。如果没有灭菌车，直接将栽培盒摆入灭菌锅内灭菌。栽培盒装满灭菌锅过后应立即灭菌，以防止培养基腐败变质。如果选择高压灭菌，在121℃，0.11MPa条件下灭菌1～1.5h，灭菌结束后，关闭开关，待锅内压力降到0，温度降到50～60℃时，即可打开高压灭菌锅，取出栽培盆。如果选择常压灭菌，在100℃条件下保持8～10h，冷却降温后即可打开锅取出栽培盆。

图4-11　灭菌

灭菌过程中注意事项

（1）将栽培盆有规则摆放，不能杂乱堆砌，保持栽培盆平稳，防止因为培养基灭菌后呈现斜面而导致出草产量和品质受影响。

（2）在灭菌过程中，切记要排放冷气，排放冷气速度要缓慢均匀，不要过急，冷气要排净。

（3）采用常压灭菌锅灭菌时，开始阶段温度上升不宜过急或过缓，在2h左右将灭菌锅温度上升到95℃即可。温度急剧上升，会使栽培盒内外产生压力差过大，导致塑料薄膜变形，与盒接触部位出现缝隙。温度上升过于缓慢，培养基易发生发酵变酸。

（4）常压灭菌后的出菇盆应自然冷却到60℃时再出锅，温度过高出锅，盒内外压力差过大，产生倒吸现象，从而污染率过高。

六、冷却

将灭菌后的盆装培养基移到紫外线或二氯异氰尿酸钠消毒处理的冷却室、无菌（接种）室或无菌操作台冷却。将栽培盆连同周转筐在冷却室内整齐摆放，并且预留通道。培养基冷却至25℃时，方可接种（图4-12，图4-13）。

图4-12　冷却

图4-13　灭菌后的培养基

七、接种

将冷却后的栽培盆移至专用的接种室内，接种前用臭氧发生器或紫外灯等方法进行消毒30min，然后准备接种（图4-14）。

适度稀释与未稀释菌种，其菌丝萌发能力完全相同，生产中一般稀释8～10倍，既可降低菌种成本，又可避免菌种过浓影响接种部分透气。

将直径5～8mm的硅橡胶软管（直径可根据实际生产条件选择）用75%的酒精浸泡4h以上，然后将软管和发酵罐的出料口相连接，在软管的另一端安装上接种针。

在正式接种前，切记要先打开出料口阀门，放出200～300ml的液体菌种冲洗软管和接种针的通道，然后再接种，每个栽培盆应接入20～30mm液体菌种（图4-15）。每组接种人员可安排2人，1人负责接种，另一人负责搬运。

图4-14　液体接种前期准备阶段

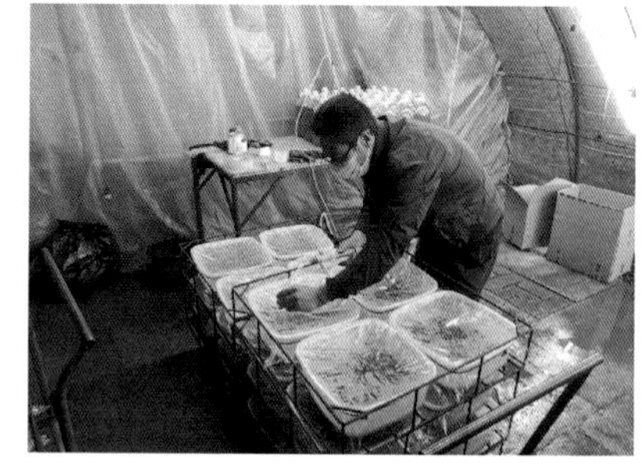

图4-15　接种

八、菌丝培养

厂房内应彻底消毒，要求清洁、干燥、通风、遮光。接入菌种后的栽培盆进行菌丝培养，如果有培养架选择上架培养，没有培养架可以直接从地面摆放（图4-16，图4-17）。接种后的栽培盆，应先静置48h，以便液体菌种在培养基上顺利定植。

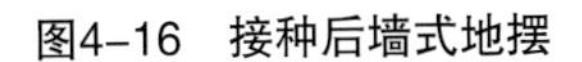

图4-16　接种后墙式地摆

图4-17　接种后上架摆放

发菌期间，应对发菌室的温度、空气相对湿度、光照和通风进行综合调控。在创造适宜的发菌条件的同时，尽量抑制杂菌与害虫发生。发菌期间严格遮光，适时通风换气保持发菌室空气新鲜，发菌室空气相对湿度一般控制为65%～70%；在发菌期间，为减少杂菌污染，室内温度宜保持在18℃，约5～7d菌丝可长满料层。蛹虫草菌丝布满料面后，即可见光转色进入下一培养阶段。

菌丝萌发阶段注意事项

一是控光，保持菌丝生长发育的黑暗环境；二是恒温，在发菌期间，保证培养温度的稳定性；三是保湿，室内空气相对湿度控制在60%以上。

正常情况下，一般在接种后第2d，菌丝发育，料面上可见到点片结合发菌情况；接种后第3d，可见到菌丝由小块面积生长向大面积迅速展开，占料面达到一半以上；第4d菌丝占领整个料面的2/3以上；第5～7d菌丝基本上全部长满整个料面，培养基内已经布满菌丝（图4-18，图4-19）。

图4-18　接种后第6d

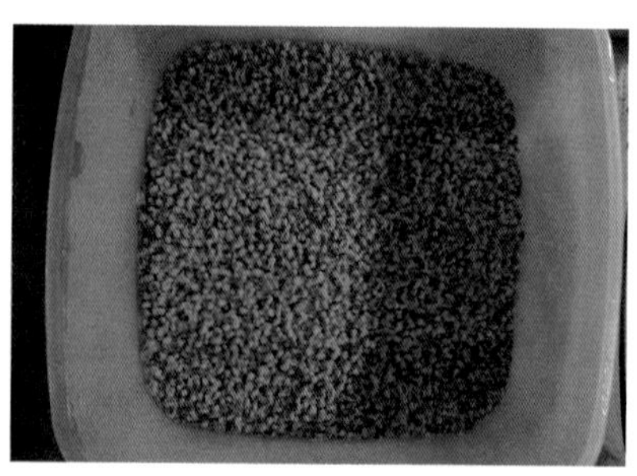

图4-19　接种后第15d

九、出草管理

1. 原基诱导

蛹虫草菌丝长满后，由营养生长转向生殖生长，要转入原基诱导期管理。白天温度要保持在20～24℃，晚上控制在10～12℃，通过温差刺激能促进菌丝快速发育。空气相对湿度65%左右，同时给予200～400lx的散射光全天24h诱导原基形成；当培养料表面长出针尖状原基后，光照时间调整为白天光照14～15h，培养温度控制在20～22℃，同时利用刺孔设备对塑料膜进行刺孔通气，以加强培养盆内外的气体交换，促使子实体的生长。在刺孔通气的过程中，刺孔为每盆9组，每组为20～25个圆形排列的圆孔，孔径为2～3mm（图4-20）。

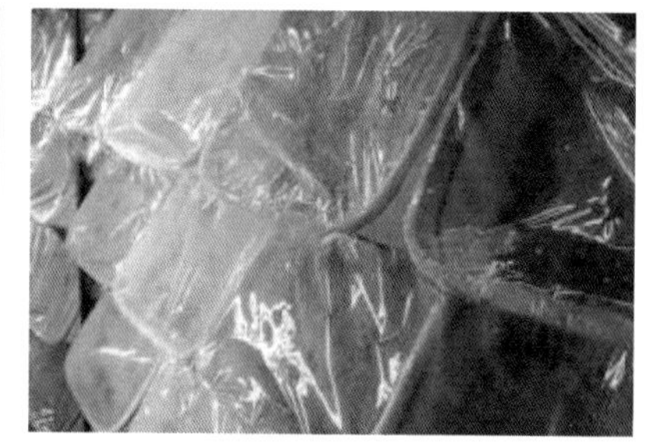

图4-20　原基诱导

2. 出草管理

当培养盆中形成大量针尖状原基后，即转入出草阶段。在出草阶段注意培养室温度、空气相对湿度、二氧化碳浓度及环境调控。出草管理过程中定期对培养室地面进行消毒处理以保持培养室清洁卫生，培养温度要调节在18～22℃，空气相对湿度在80%～85%左右，每天12～14h提供300lx左右的散射光；在出草管理阶段，子实体生长旺盛，呼吸量增加，因此在此培养阶段每天适时通风，保持培养室空气新鲜，减少二氧化碳过量沉积；如果培养室内空气流动性差，要打开换气扇吹风，每天早、中、晚各通风1次，每次20～30min，以增加室内的新鲜空气，排出二氧化碳，否则培养室二氧化碳浓度过高，会引发子实体畸形（图4-21）。

图4-21　不同时期子实体生长情况

十、采收与加工

1. 采收时间

当蛹虫草形成了子囊后，在尚未弹射孢子之前应及时采收（图4–22）。

图4–22　采收期蛹虫草

2. 采收方法

采收人员要戴帽子、手套、口罩。

采收时用镊子取出蛹虫草，除去杂质后，按规格分类。

3. 干制加工

烘烤时，将蛹虫草在烤筛均匀摆放，缓慢升温（起始温度

36℃，每小时升温≤7℃，烘烤温度60℃），同步排湿，最后1h 70℃烘烤，至蛹虫草含水量下降到10%为止（图4-23）。

图4-23　蛹虫草采收包装

第三节 大孢子头蛹虫草生产技术

对于食用菌而言，其子实体的生长发育与外界条件的变化有着密切的关系，不同的营养条件、环境因子及培养方式对食用菌子实体的农艺性状、产量有极大的影响。蛹虫草已经实现规模化培植，且根据其子实体形态特征区分，市场上常见的人工栽培蛹虫草品系主要有尖头蛹虫草及大孢子头蛹虫草，大孢子头蛹虫草就是经过菌种选育及特定培养条件驯化培养而获得的一种表观形态独具特色的蛹虫草新品种，并已规模化栽培。大孢子头蛹虫草子实体高5cm左右，其外观形如蝌蚪、色泽金黄、头部膨大、子囊壳丰富、口感脆嫩，且具有浓郁的蛹虫草特有的香气。大孢子头蛹虫草以其独特的外观及口感，深受消费者青睐，具有一定的市场空间（图4-24）。

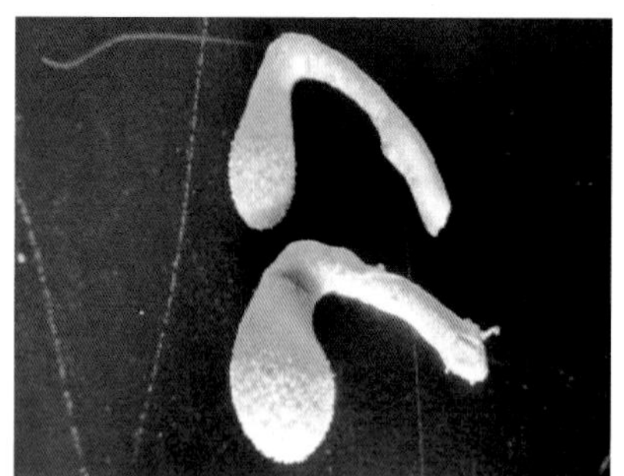

图4-24 大孢子头蛹虫草

一、大孢子头蛹虫草架式生产工艺流程

培养基配制→灭菌→冷却→接种→发菌→扫菌→转色→原基诱导→出草管理→采收、加工。

二、生产设施及设备

1. 厂房要求

大孢子头蛹虫草人工栽培的厂房及设施要求同蛹虫草盆栽技术相同，栽培厂房要求保温、保湿，且通风良好，配有齐全的电力及上下水设施及温控系统，布局合理，且主要功能区的墙面、地面、顶棚要光滑防水处理，以利于清洗及消毒（图4–25）。

图4–25　生产厂房

2. 主要生产设施、设备

（1）培养架及培养盆　栽培架一般采用耐腐蚀的钢质材料，要求坚固结实。每个培养架的规格宽度0.5m，层距不低于0.4m，长度及高度依据厂房的空间进行合理配置（图4–26）。

培养盆采用与蛹虫草盆栽技术相同的栽培容器，要求栽培塑料盆透光度好，耐高温高压的聚丙烯材料制成的塑料盆。通常使用规格为33cm（长）×33cm（宽）×12cm（高）（图4–27）。

（2）主要生产设备　大孢子头蛹虫草规模化栽培主要生产设备与蛹虫草盆栽设备基本相同，主要包括用于菌种生产的生物摇床、发酵罐、生化培养箱、高压灭菌锅、显微镜、超净工作台、高压灭菌锅、空调、取暖锅炉等设备。

图4-26 栽培架

图4-27 栽培盆

三、大孢子头蛹虫草菌种制备

1. 蛹虫草母种的制作

斜面培养基配方：马铃薯200g，葡萄糖20g，磷酸二氢钾3g，硫酸镁1.5g，琼脂15g，蛋白胨3g，维生素B_1 10mg，水1 000ml（图4-28）。

2. 斜面培养基配制及接种

大孢子头蛹虫草菌种培养基的配制方法同母种制作。培养基配制、灭菌后，无菌条件下，挑取黄豆粒大小的菌块接种斜面培养基上，20℃条件下，避光培养7～10d，待斜面上的菌落长到4cm左右即可4℃保存、备用。

3. 液体菌种的制作

（1）液体培养基配方　马铃薯200g，葡萄糖20g，蛋白胨5g，磷酸二氢钾2g，硫酸镁1g，蚕蛹粉2g，维生素B_1 10mg，水1 000ml。制备方法同液体母种制作相同。

（2）液体培养基配制及液体菌种培养　液体培养基的配制方法同液体菌种制作中的相同。液体培养基制备完成后，在无菌条件下从母种试管中铲取菌丝体少许，接入到装有150ml液体培养基的500ml三角瓶中，然后将三角瓶放置到生物摇床上，在20℃、130～140转/min、避光的条件下进行恒温震荡培养4d左右，即可获得液体原种，然后采用发酵罐、培养器等方法进行液体原种扩大培养，获得大孢子头蛹虫草液体栽培种。液体栽培菌种的制备见第三章第二节中液体栽培种制备（图4-28至图4-31）。

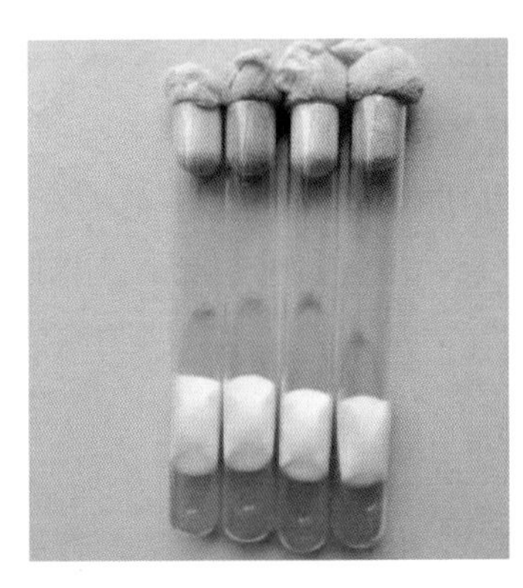

图4-28　斜面菌种

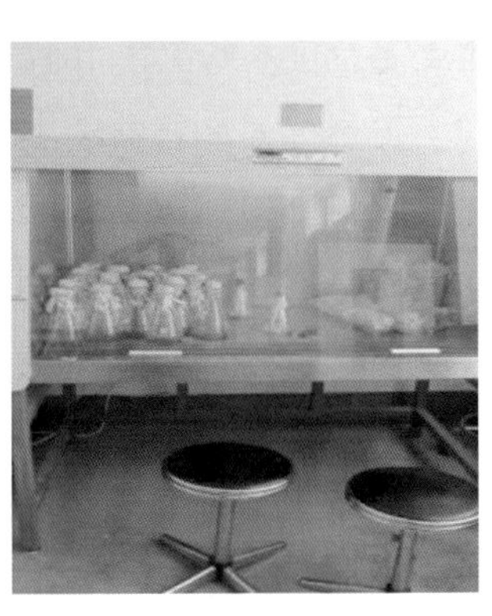

图4-29　液体菌种制作

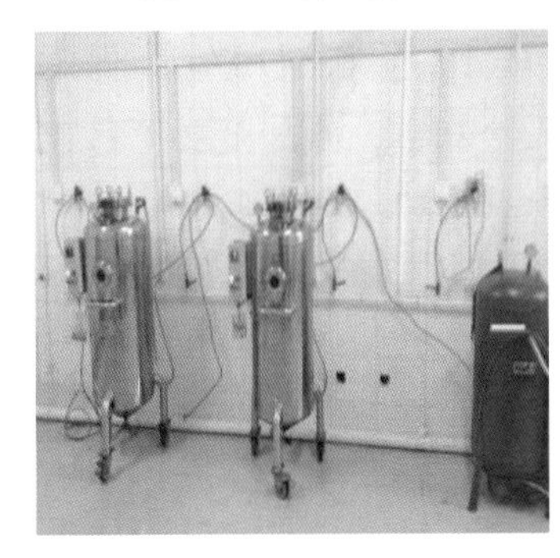

图4-30　液体栽培种生产

图4-31　液体栽培种

四、栽培原料的选择及培养基配制

1. 栽培原料的选择

大孢子头蛹虫草人工栽培主要原料为麦粒、大米、蚕蛹粉、豆粕等原料，生产原料要求无霉变、无污染、新鲜。

2. 栽培培养基配制

大孢子头蛹虫草人工栽培配方因地域不同，栽培的配方也有所不同，由于麦粒价格便宜、资源丰富，生产中多以麦粒培养基配方为主。

（1）麦粒培养基配方　小麦90%，豆粕10%。

（2）配制方法　每盆装小麦450g，豆粕50g，混合均匀，然后按照1：（1.6～1.7）（V：V）比例加入营养液，营养液配方：1L蒸馏水中加$MgSO_4$ 0.5g，磷酸二氢钾1g，维生素B_1 50mg，用耐高温塑料膜封口即可。

五、栽培培养基灭菌及接种

1. 灭菌及冷却

培养料配制分装后，即可装架灭菌。灭菌锅内加适量水，把培养盆（瓶）放入灭菌锅中预制的架子上，升温至107℃，保压8h。待温度降到80℃以下后，开锅，移入冷却室，冷却至20℃移置接种室内，然后用气雾消毒剂密闭消毒，待接液体菌种。

2. 接种

接种环境要求清洁、干燥，接种室使用前用消毒剂对地面、墙壁进行表面及空间消毒；接种前将接种枪、工作服等接种辅助用具经消毒处理后放入接种室，用臭氧发生器或紫外灯等方法进行消毒30min方可进行接种。接种时，在无菌条件下，用无菌水或营养液对液体菌种进行4～5倍稀释，使用蛹虫草专用液体菌种接种枪，打开封口膜，将菌种均匀覆盖料面；接种后将培养盆移入已经消毒处理的蛹虫草培养室，摆放到培养架上，进行菌丝培养。

六、发菌管理

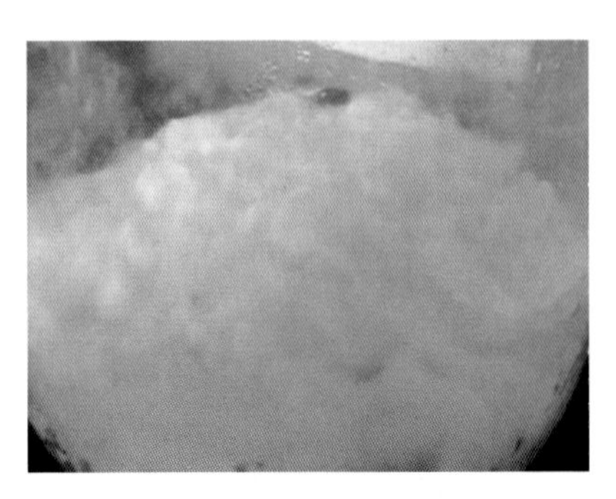
图4-32 成熟的大孢子头蛹虫草菌丝

发菌阶段培养室温度18℃，空气相对湿度不低于35%，避光；每天通风换气1次，每次20min，保持发菌室空气新鲜；经过15d室内暗培养，培养基质长满白色菌丝，并在料面形成0.5～1.0cm的菌丝被，且表面菌丝形成明显的龟背纹，说明菌丝已经成熟（图4-32）。

七、搔菌及原基诱导

当菌丝表面形成龟背纹后，搔菌转色，诱导原基的形成。搔菌、见光前用烟雾消毒剂对培养室进行熏蒸处理，然后在无菌条件下用搔菌针进行搔菌，搔菌程度为刚好划破麦粒表皮为好（图4-33）。

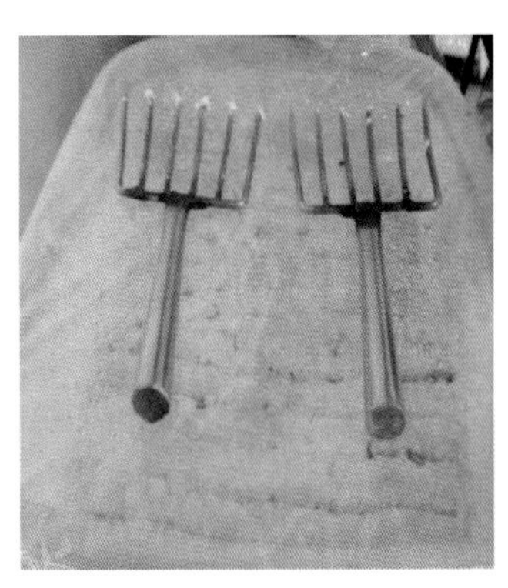
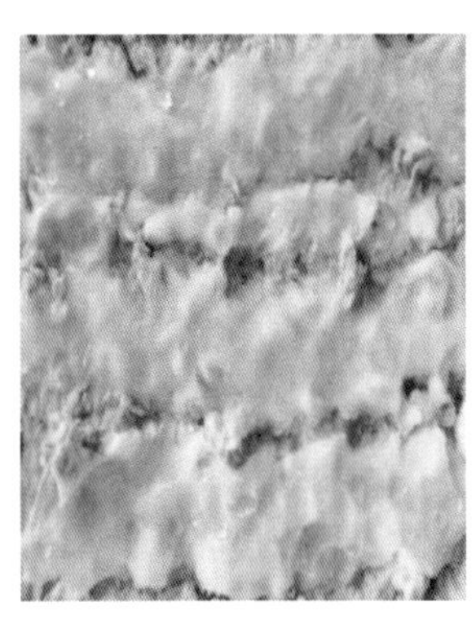
图4-33 搔菌

同时，24h给予300lx的光照，调整培养室的温度至20℃，用喷雾器向墙面、地面洒水调节，空气相对湿度不低于40%；每天适当通风，保持培养室空气新鲜，控制二氧化碳浓度在0.5%以下；搔菌见光24h后，菌丝由白色变成均匀的淡黄色，继续培养3d左右搔菌沟内现淡黄色疙瘩时，用接种针在封口膜上扎眼通气（一般扎2排孔，每排扎3个直径约0.2cm的小孔即可），诱导原基形成。此时空气相对湿度不低于50%；经过5d左右的原基诱导即可形成针尖状原基（图4-34）。

图4-34　原基诱导

八、出草管理

在出草管理期间，当培养盆中形成大量针尖状原基后，即转入出草阶段。出草阶段注意培养室温度、空气相对湿度、二氧化碳浓度及环境调控，定期对培养室地面进行消毒处理以保持培养室清洁卫生。地面洒水保持空气相对湿度不低于50%，培养室的温度为20℃，24h有散射光，光照强度300lx；在出草管理阶段，子实体生长旺盛，呼吸量增加，因此在此培养阶段每天适当增加通风时间，控制二氧化碳浓度在0.5%以下，否则培养室二氧化碳浓度过高，会引发子实体畸形；培养40～45d，子实体呈棒状，头微膨大，高2～3cm，此时降低培养室温度，降至16～17℃，诱导子实体顶端膨大（图4-35至图4-38）。

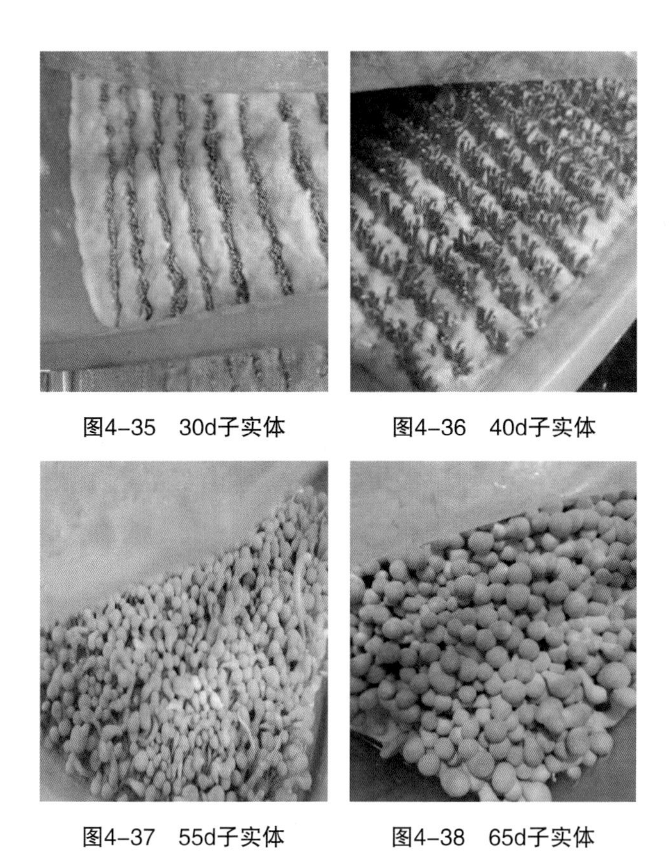

图4-35　30d子实体　　图4-36　40d子实体

图4-37　55d子实体　　图4-38　65d子实体

九、采收

大孢子头蛹虫草在上述条件培养60～65d，子实体金黄，顶端膨大成球状，子实体呈蝌蚪状、子实体高5cm左右，子实体顶端直径1.5～2cm，草体金黄，并在子实体上半部着生丰富的子囊壳，表明子实体已经成熟，可适时采收。采用本书中蛹虫草盆栽技术中的烘干方法进行烘干，避光保存，以保障和提高子实体的等级（图4-39，图4-40）。

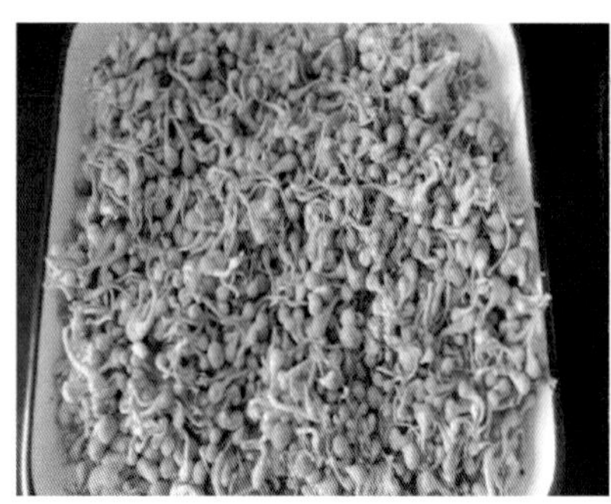

图4-39　大孢子头蛹虫草采收

图4-40　大孢子头蛹虫草烘干

第四节　柞蚕蛹虫草生产技术

利用柞蚕作为培养基栽培蛹虫草是非常重要的一种栽培方式。将菌种接种到柞蚕蛹体上，在合适的环境条件下经过培养生长出子实体，具有仿生栽培的特点。不仅在柞蚕上栽培，也可以在黄粉虫、五龄桑蚕、蚱蚕蛹等上栽培，本节以柞蚕栽培为例，详细介绍一下栽培模式。

一、柞蚕蛹虫草生产技术工艺流程

柞蚕茧
↓
柞蚕活蛹
↓体表消毒
柞蚕蛹接种蛹虫草菌
↓
适宜条件下培养
↓温、湿度及光照等
蛹体僵化
↓
原基诱发
↓
蛹虫草子实体生长
↓约50～60d
子实体成熟并收获
↓
干燥处理及储藏

二、生产设施

1. 栽培厂房

栽培厂房一般要求坐北朝南，东西向，以保证良好的通风，也有利于保温。栽培房内电力要充足，便于安装日光灯管或节能灯。房间内要求洁净，具备控温设施、过滤通风口、补湿及补光等设施条件。有条件使用水泥地面或瓷砖地面，便于洗刷和消毒。

2. 栽培架

栽培架要求坚固结实，最好便于拆卸、搬运。每个培养架的规格为130cm（长）×54cm（宽）×210cm（高），层距40cm，每层安装1个照明灯管，底层距地面约10cm，培养架选用2.5cm×2.5cm不锈钢材料焊接，并可根据培养室面积进行组合，每行培养架工作间距约为100cm（图4-41）。

图4-41　蛹虫草栽培层架

3. 栽培盘

栽培盘为硬质塑料，每个塑料培养盘规格为53cm（长）×39cm（宽）×10cm（高）（图4-42）。

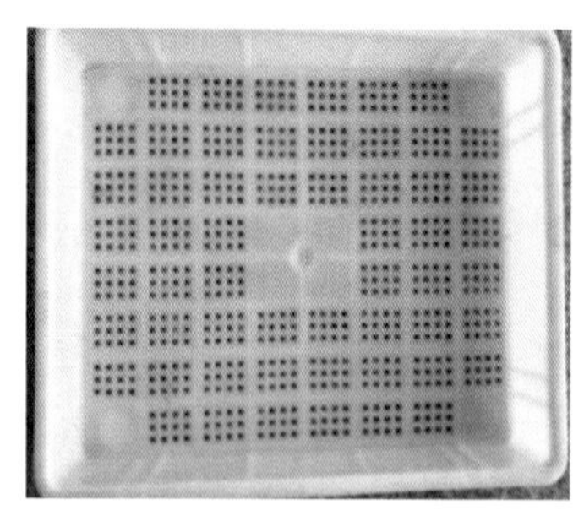

图4-42　培养设备

4. 生产设备

主要包括超净工作台（图4-43）、恒温振荡器（图4-44）、发酵罐（图4-45）、干燥箱（图4-46）、接种（菌）装置（图4-47）、冰箱及高压灭菌锅（图4-48）等。

图4-43　超净工作台

图4-44　恒温振荡器

图4-45　菌种发酵罐

图4-46　干燥箱

图4-47　接种（菌）装置

图4-48　高压灭菌锅

三、柞蚕蛹虫草的菌种制作

1. 蛹虫草母种的制作

培养基配方　马铃薯200g，葡萄糖20g，磷酸二氢钾3g，硫酸镁1.5g，琼脂20g，蛋白胨10g，水1 000ml。

先将马铃薯去皮切片，用水煮沸25min，过滤取汁液，将琼脂放入过滤后的汁液中文火煮溶后，依次放入磷酸二氢钾、硫酸镁、葡萄糖和蛋白胨，溶化后趁热分装试管，采用18cm × 1.8cm规格试管，每支试管装入10ml，然后用棉塞塞紧管口，进行高压灭菌。

当温度达到121℃、压力达到0.1～0.11MPa后维持30min，压力降至0.05MPa放气，压力归零后出锅，必须趁热摆成斜面，自然冷却凝固。

将蛹虫草母种在无菌条件下接入斜面培养基中，4d后菌丝萌动，此后每天见光10h培养20d，转色的菌丝长满整个培养基表面，保存备用（图4-49，图4-50）。

2. 蛹虫草生产液体菌种的制作

培养基配方　葡萄糖20g，磷酸二氢钾3g，硫酸镁1.5g，维生素B_2 10mg，蛋白胨3g，牛肉膏5g，水1 000ml。

采用250ml三角瓶，将液体培养基装入瓶中100ml，进行高压灭菌，温度达到121℃、压力达到0.1～0.11MPa后维持30min，压力降至0.05MPa放气，压力表归0后出锅冷却等待接种。接种前先将接种室、接种器具及手进行消毒，在无菌条件下从母种试管中铲取菌丝体少许，迅速将接种针抽出试管，将铲取的菌丝体放入三角瓶中封口，然后将其置于24℃恒温、避光环境下静置培养3d，然后在恒温振荡器上旋转培养（转速为130～140转/min）5d左右，液体培养基中充满菌丝且液体清晰透明，这时菌种已成熟且无污染，用无菌水稀释5倍备用（图4-51）。

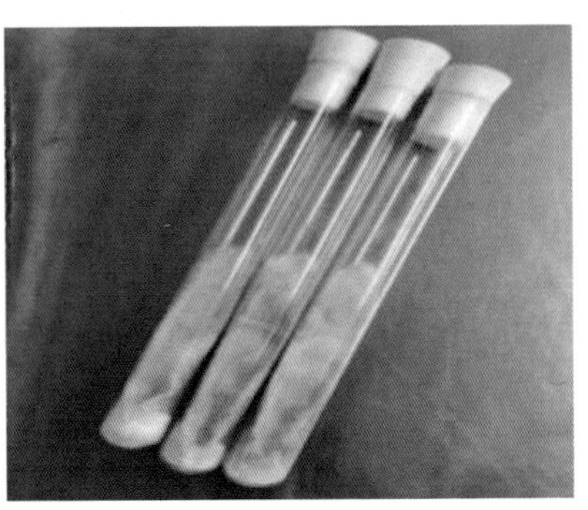

图4-49　斜面母钟

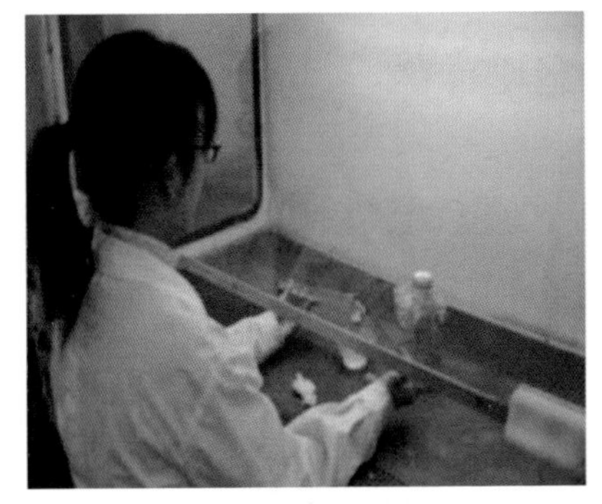

图4-50　试管接种

图4-51　恒温震荡培养

四、柞蚕蛹原料选择及处理

蚕蛹选用滞育蛹，如果将柞蚕茧放在0～4℃下保存，可以延长解除滞育时间，进行周年生产（图4-52）。

将低温保存的柞蚕鲜茧割茧取蛹，选取蛹体饱满的柞蚕活蛹，用清水冲洗干净，再经75%浓度的酒精浸泡2min进行消毒，在无菌托盘中晾干后立即接种（图4-53）。

图4-52　柞蚕鲜茧

图4-53　消毒后柞蚕蛹

五、柞蚕蛹接种

接种时要在无菌条件下进行。将消毒后的柞蚕蛹用注射器从蛹中后部每个接种0.2～0.4ml蛹虫草菌液，均匀放入培养盘中，满盘后送入培养室中培育（图4-54）。

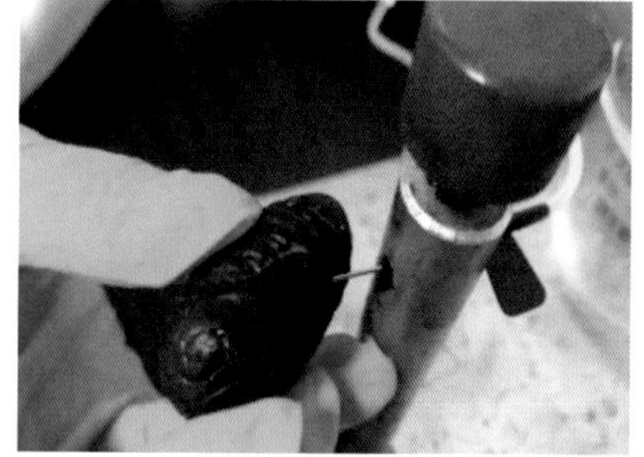

图4-54　柞蚕蛹接种

六、柞蚕蛹虫草培育管理

1. 暗培养阶段管理

将接种后的柞蚕蛹放置于培养室中进行暗培养（图4-55），蛹虫草的菌丝体在黑暗的条件下发菌较快，温度控制在16～20℃，通风换气保持空气新鲜，4d后每天2次观察并清理发病的蚕蛹，7d后空气相对湿度保持在65%～75%，经10～15d柞蚕蛹全部转变成僵蛹（图4-56），15～20d蛹体表面长出白色菌丝（图4-57），即可进入出草阶段。

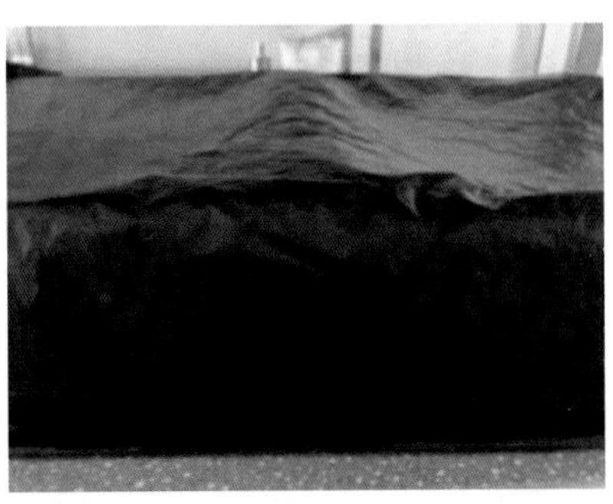

图4-55　黑暗培养

图4-56　蚕蛹僵化

图4-57　菌丝萌发

2. 光照培养（出草）阶段管理

待蛹体表面长出白色菌丝后（图4-58），用透明聚乙烯塑料薄膜盖住培养盘，开始进行光照培养。先以自然散射光为主，白天温度控制在18～22℃，夜间温度控制在15～17℃，相对湿度保持在70%～75%，再经过3～5d的培养，菌丝体长出黄色的小突起即形成了子实体原基，此后进入子实体生长阶段，打开光照设备，光照强度在500～1 000lx，每天补光12h，温度控制在18～22℃，相对湿度保持在80%～90%，此阶段要加大培养室内新鲜空气的流通，每天至少进行2次换气。培养阶段若发现污染应及时清理消毒。

图4-58　原基形成

图4-59　子实体生长初期

图4-60　子实体生长中期

图4-61　子实体生长后期

实践生产证明，一定的温差刺激对子实体原基形成具有良好的效果，可以诱发子实体原基迅速形成。此外，光照强度会直接影响子座的色泽深浅，按照栽培要求提供合适强度的光源照射，是培育优质蛹虫草的关键措施。蛹虫草的产量和质量与栽培管理措施是密切相关的，相同的菌种资源，在稍有不同的管理方式下，就会产生外部整体形态、色泽、生物转化率的差异（图4-59至图4-62）。

图4-62　工厂化生产

七、收获加工

经过50～60d的培养，蛹虫草子实体长到5～7cm，子实体头部膨大饱满，应及时进行采收。采收后的柞蚕蛹虫草可采取自然阴干，50～60℃烘干或低温冷冻干燥等方法处理（图4-63）。

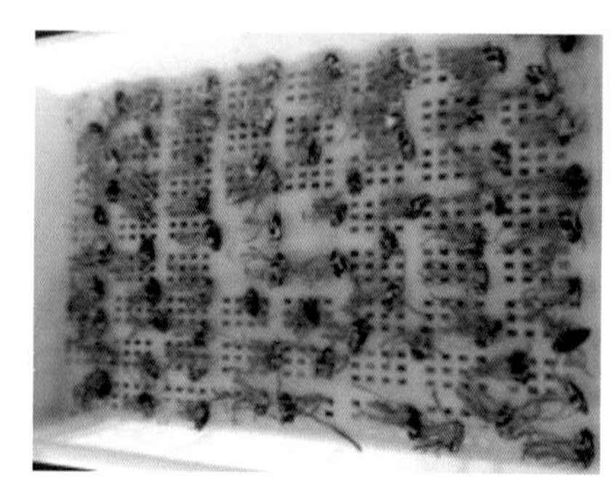
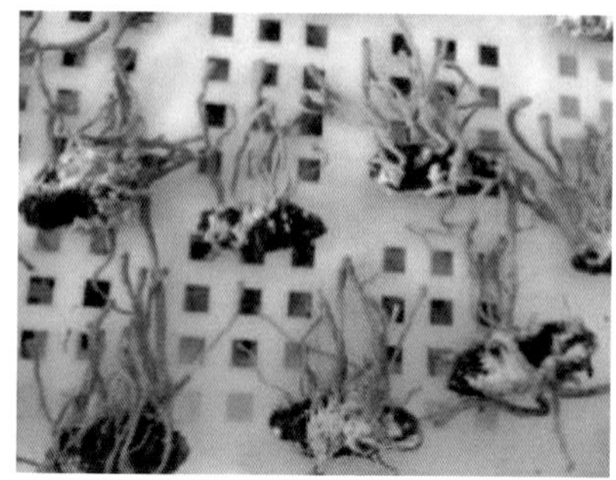

图4-63　自然阴干

八、储藏

将干燥后的柞蚕蛹虫草摆放整齐，避免挤压，用塑料袋抽真空后密封，放置于0～4℃条件下低温、避光储藏（图4-64）。

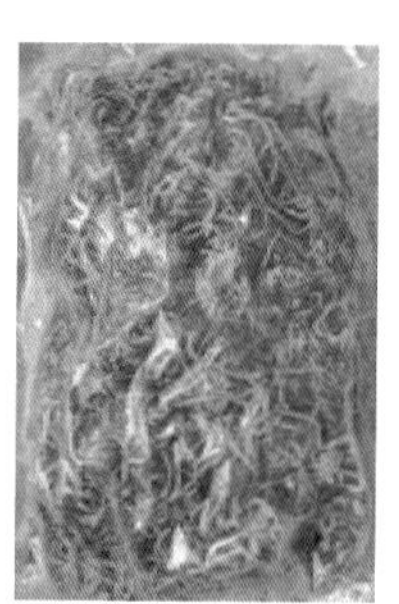
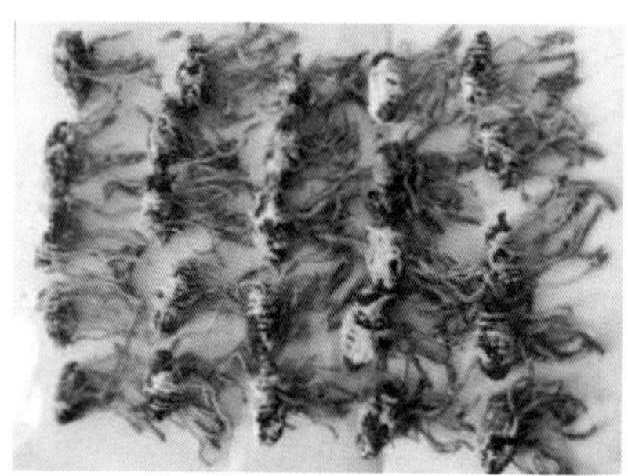
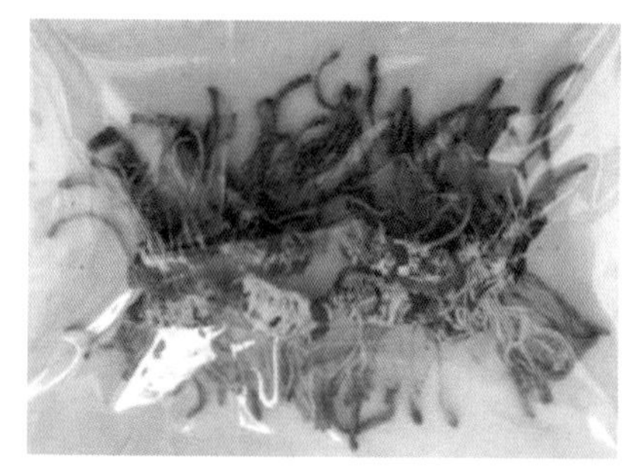

图4-64　包装保存

第五章　蛹虫草病虫害防控技术

病虫害直接影响蛹虫草制种和培育的成败，防治病虫害是蛹虫草生产培育技术的重要内容之一，必须十分重视。

危害蛹虫草的病害主要有绿霉、青霉、齿梗孢霉等真菌病害和芽孢杆菌等细菌病害；虫害则有螨类、跳虫、苍蝇等。

蛹虫草培育的病虫害防治，应当采取以预防为主，防治结合的综合防治措施。适合蛹虫草生长发育的环境，往往也是病菌害虫孳生繁殖的良好场所。病虫害一旦发生，就极易蔓延成灾。此时单靠药剂防治，一是不容易根除虫害，二是易杀伤蛹虫草，同时也易使其沾染药害。因此，单靠药剂根除并非万全之策，应以预防为主，把病虫害消灭在发生之前就显得尤为重要。下面分别介绍具体病虫害及防治办法。

第一节　病害防治

一、木霉

1. 症状

木霉，又称绿霉，是侵害蛹虫草培养基料最严重的杂菌。凡适合蛹虫草生长的培养料也均满足木霉菌丝营养需求，一旦接种面上落入了木霉孢子，温度适宜时孢子即迅速萌发形成菌丝，并大量繁殖将接种面覆盖。在被污染的培养料上，菌丝初期纤细呈白色絮状，菌丝生长速度快，形成圆形的菌落，后期产生大量绿色的分生孢子，颜色逐渐变为绿色，将料面覆盖，有强烈的霉味。蛹虫草菌丝和子座的生长完全被抑制，导致整个培养料报废（图5-1，图5-2）。

图5-1　木霉病害

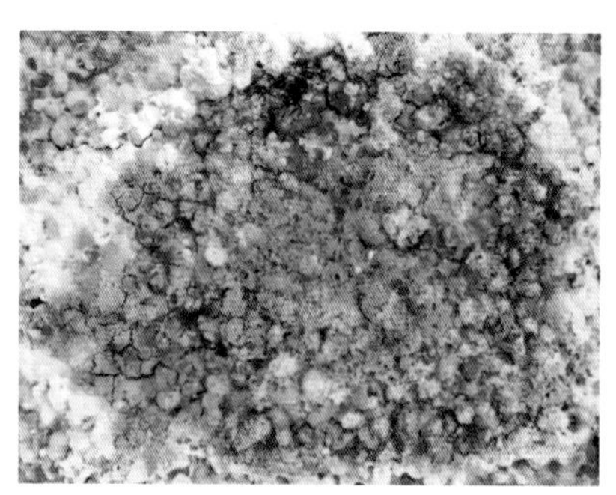

图5-2　木霉污染蛹虫草培养料并产生大量孢子

2. 病原

木霉隶属于半知菌亚门、丝孢纲、丝孢目、丛梗孢科、木霉属真菌。常见的种类有绿色木霉（*Trichoderma viride*）和康氏木霉（*T. koningii*）、深绿木霉（*T. atroviride*）、长枝木霉（*T. longibrachiatum*）、多孢木霉（*T. polysporum*）、钩状木霉（*T. hamatum*）等。木霉菌落生长迅速，初期为白色，圆形，整齐，向四周扩展，菌落中央产生绿色孢子，最后整个菌落全部变成黄绿、深绿或蓝绿色，不同种类木霉的培养形态略有差异。在显微镜下观察，木霉菌菌丝透明、有隔，纤细，分生孢子梗为菌丝的短侧支，其上对生或互生分支，分支上又可继续形成二、三级分支，最后形成松柏似的分支，分支角度为锐角或近乎直角。木霉的分生孢子为单细胞，呈球形或椭圆形，单个孢子呈无色、浅灰色或淡绿色。木霉菌的产孢丛囊区常排成同心轮纹，在培养基质上形成深黄绿色至深蓝绿色同心轮纹。康氏木霉菌分生孢子呈卵形、椭圆形或长形，单个孢子近于无色，成堆时为绿色；在基质上，菌落边缘出现浅绿色、浅黄绿色的产孢丛囊区，菌落外观为浅绿色、黄绿色或绿色，不呈深绿色或深蓝绿色（图5-3至图5-6）。

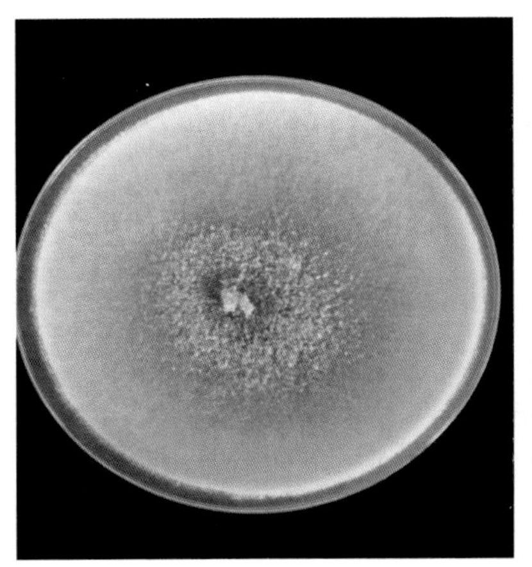

图5-3　培养初期木霉菌丝形态

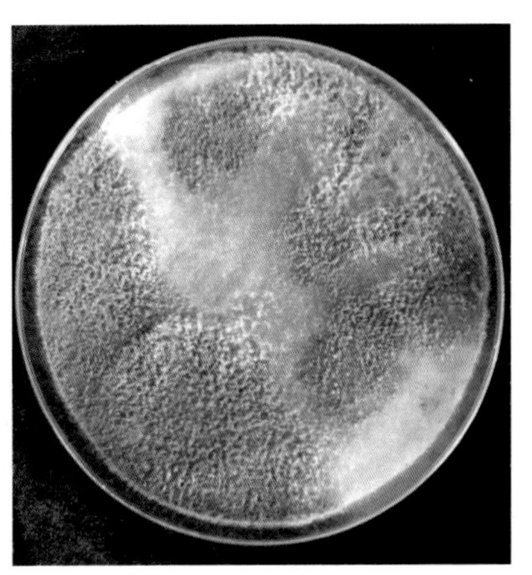

图5-4　木霉菌落产生分生孢子

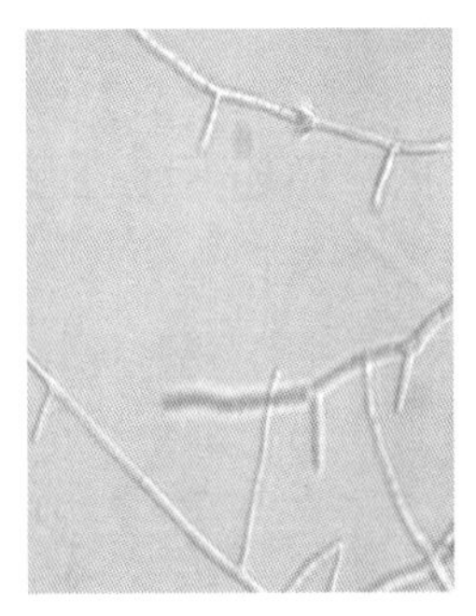

图5-5　木霉菌丝及分生孢子梗形态

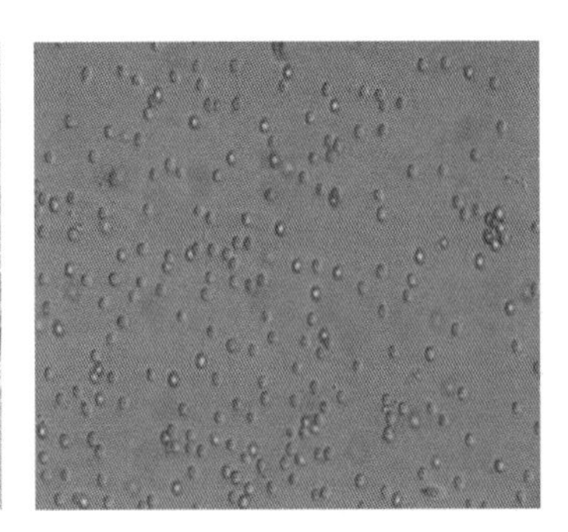

图5-6　木霉产生大量的分生孢子

3. 传播途径和发病条件

木霉菌丝体和分生孢子广泛分布于自然界中，腐烂的木材、种子、土壤、有机残体、空气中都能分离到。木霉菌丝在6～45℃都能生长，20～35℃生长速度最快，15℃以下菌丝生长速度变缓；当pH值为3.5～6时，菌丝生长最为适宜；其菌丝较耐二氧化碳。孢子适应性极强，在15～30℃，湿度在90%以上时能够快速萌发和迅速生长，传播、蔓延快。因此在高温、高湿、通气不良和培养料偏酸性时易孳生木霉。

木霉菌与蛹虫草菌丝争夺水分、养分，阻碍蛹虫草菌丝体生长发育，也易寄生在长势衰弱的蛹虫草培养料或虫体上，因此，蛹虫草被木霉菌感染后，培养料或虫体上的蛹虫草菌丝体生长不良，严重时死亡。

4. 防治方法

（1）切实搞好栽培场所的环境卫生，减少病源　杂菌孢子在空气中飘浮，并可四处传播，因此要做好栽培场所日常卫生工作，保持生产场地环境清洁干燥，及时将废料、污染料和废弃物进行深埋或销毁，以防病菌孳生；并做好培养室、床架、工具、器具的消毒工作。

（2）灭菌要彻底，防止留下死角　常压灭菌需要100℃下保持8～10h，在整个灭菌过程中防止中途降温和灶内热循环不均匀现象；高压灭菌要先排净冷空气，并在121℃下保持1～1.5h以上。

（3）密封冷却，快速接种　出锅后的培养料盆（瓶）要避免与外部未消毒空气接触，并及时在接种室接种，适当增加接种量，以菌种量多的优势覆盖培养料面，降低木霉侵染机会。

（4）保持菌种的纯度和生命力　选用纯净的抗病性强和具旺盛活力的优质蛹虫草菌种，及时淘汰退化菌种和老化菌种。

（5）严格按无菌操作要求接种　保证接种室和接种箱清洁无菌，接种室应设有缓冲间，在培养料瓶进入之前要进行消毒；有条件的地方尽量在接种室内放入洁净台进行接种。

（6）勤检查，及时检出污染瓶　发菌期及出菇期多次检查，发现木霉污染后应及时剔除，以降低重复污染机会。

二、青霉

1. 症状

青霉菌污染蛹虫草培养料后，菌落起初呈白色，粉末状，当青霉菌形成分生孢子后在培养料上呈现出淡蓝色或淡绿色的堆状粉层。青霉菌能抑制蛹虫草菌丝生长，一旦覆盖蛹虫草菌丝将导致蛹虫草无法出草，造成减产（图5-7）。

图5-7　青霉污染蛹虫草培养料产生大量孢子

2. 病原

青霉菌（*Penicillium* spp.）属半知菌亚门丝孢纲丝孢目丛梗孢科青霉属，分布极为广泛，能产生大量分生孢子。常见青霉菌种类包括常现青霉（*P. frequentans*）、淡紫青霉（*P. linacinum*）、扩展青霉（*P. expansum*）、鲜绿青霉（*P. viridicatum*）、产黄青霉（*P. chrysogrenum*）等。

青霉菌落初期白色、圆形、致密，后期产生大量分生孢子呈现黄绿色、淡蓝色或灰绿色。显微镜下可见青霉菌菌丝具有横隔，分生孢子梗由埋伏型或气生型菌丝上生出，单独直立或作某种程度的集合乃至密集为一定的菌丝束。分生孢子梗具有横隔，顶端生有扫帚状分支，帚状枝由单轮或两轮到多轮分支系统构成，对称或不对称，最后一级分支称为小梗。小梗顶端分生孢子串生。分生孢子近似球形、椭圆形、或短柱形（图5-8至图5-11）。

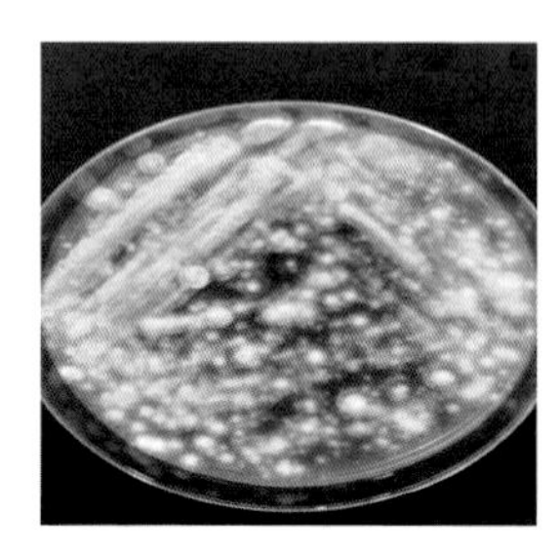
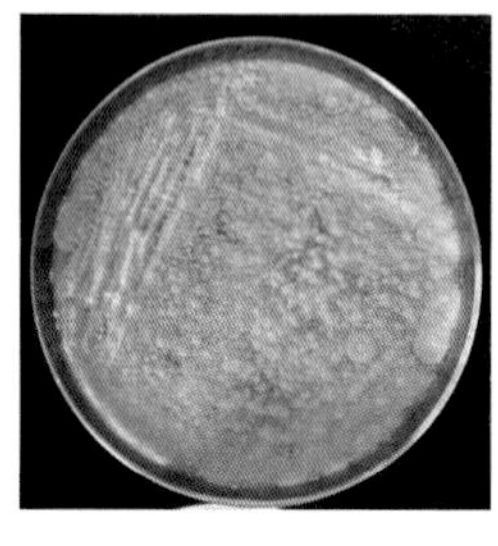

图5-8 青霉培养初期及后期形态

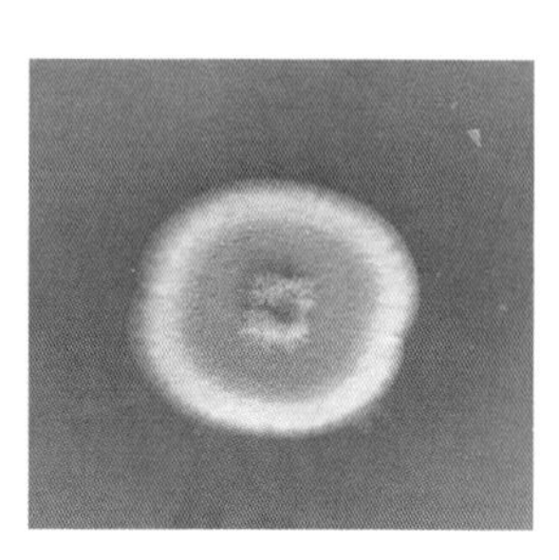

图5-9 青霉单菌落形态

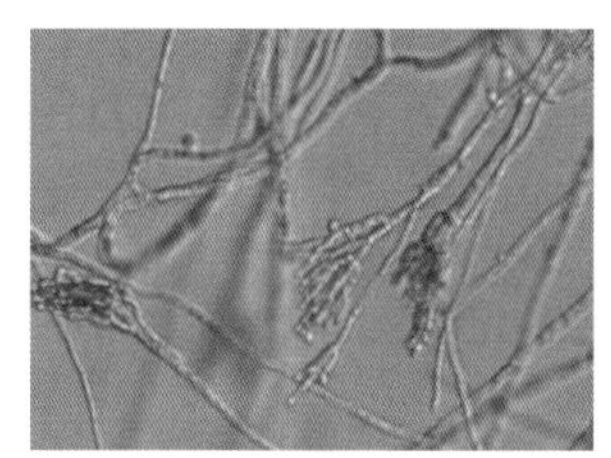
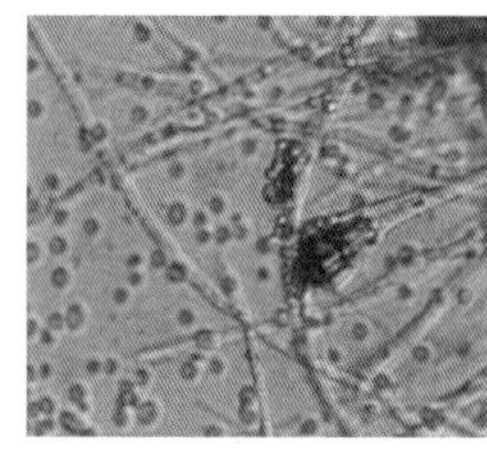

图5-10 青霉菌丝及分生孢子梗

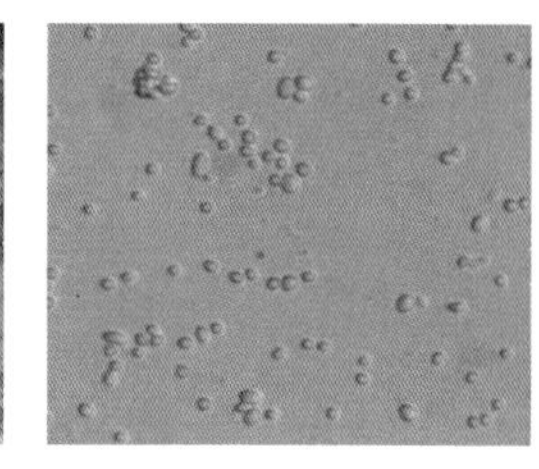

图5-11 青霉孢子

3. 传播途径和发病条件

青霉广泛存在于各种有机质上，适应性强，分生孢子可通过气流传入培养料，进行初次侵染。青霉适宜生长温度为24～30℃，高温高湿条件下有利于发病。多数青霉菌喜酸性，蛹虫草菌丝生长衰弱也有利于该病菌侵染。青霉菌还能分泌毒素，抑制虫草菌丝体生长。

4. 防治方法

参照木霉的防治策略。同时，接种室、培养室及生产场所要彻底消毒灭菌，并保持环境卫生清洁，适当通风换气，防治病害蔓延。局部小面积发生时，及时挖出被污染部分，并用10%石灰水冲洗。

三、毛霉

1. 症状

毛霉，又叫长毛霉，常污染菌种和蛹体。在蛹虫草培养过程中，常见的有大毛霉、小毛霉和总状毛霉（图5-12）。

毛霉主要靠空气传播。在菌种生产或栽培过程中，无菌操作不严和环境卫生不好，就容易污染上毛霉孢子，进而造成危害。

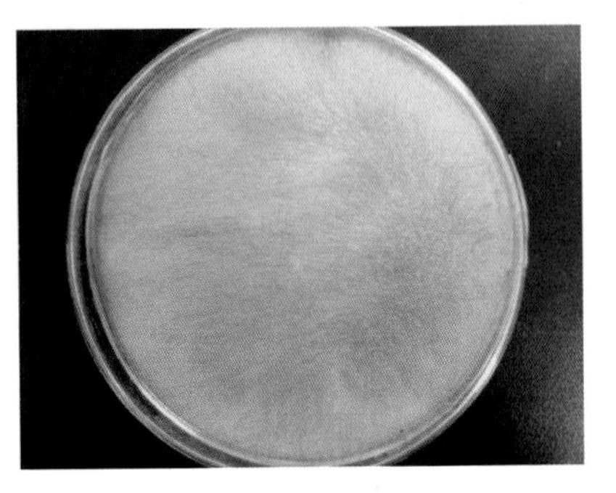

图5-12 毛霉菌丝

毛霉在潮湿环境中生长迅速，如果试管或菌种瓶的棉塞受潮，或培养室的湿度过大，就容易污染和产生毛霉，其中，小毛霉是一种喜热真菌，在20～55℃条件下生长旺盛，污染迅速。

2. 防治方法

搞好环境卫生，清理并隔离污染物。已被污染的菌种和蛹虫草要及时清理、灭菌并埋于土里，防止孢子扩散；做好蚕蛹体表消毒，试管或菌种瓶的棉花塞严防受潮。

四、齿梗孢霉

1. 症状

齿梗孢霉也称为白毛菌、吃草菌，齿梗孢霉菌丝分枝较多，短时间内可产生大量分生孢子；最适生长温度为25℃，其分生孢子比蛹虫草分生孢子耐紫外能力强；该病害是目前对蛹虫草生产危害最严重的病害之一，多发生在蛹虫草生长发育后期，可以侵染子实体底部、中部和顶端等各个部位，后期子实体被白毛覆盖，该菌传染速度快，极易造成蛹虫草减产或绝收（图5-13，图5-14）。

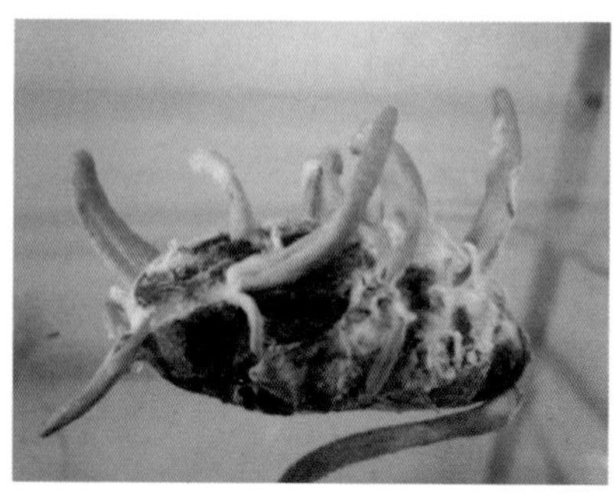

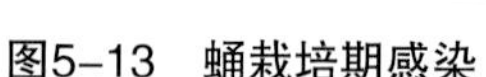
图5-13　蛹栽培期感染

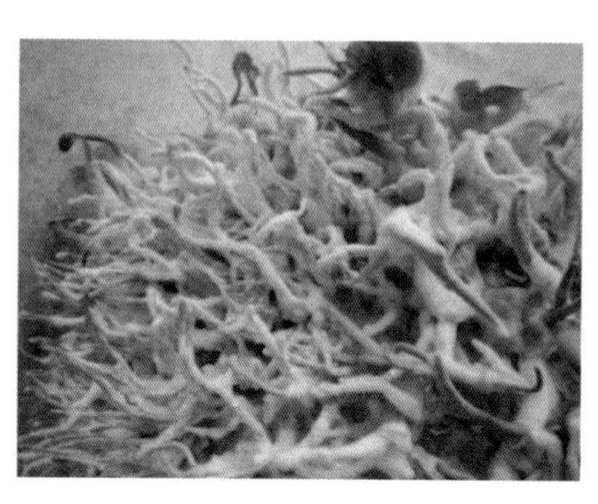

图5-14　盆栽感染

2. 防治方法

蛹虫草生长后期，培养室温度控制在20℃以下；使用紫外灯、臭氧或用浓度为200mg/L的二氧化氯溶液以50ml/m^{3}空间喷雾进行室内消杀。

五、镰刀菌

1. 症状

镰孢霉菌常称为镰刀菌，种类很多，在蛹虫草制种和栽培过程中均易感染。它广泛存在于土壤中或有机质上，在培养料上，其菌丝体与蛹虫草菌丝体相似不易区分，也为白色，但比较稀疏，色稍暗些，后期呈白色棉花状，有些种可使培养基呈现紫红色。镰刀菌中的许多种类具有较强的寄生性，会引起培养料或虫体枯萎（图5-15）。

图5-15　镰刀菌污染症状

2. 病原

镰刀菌（*Fusarium* spp.）属于半知菌亚门丝孢纲瘤座孢目瘤座孢科镰孢菌属真菌。镰刀菌种类很多，常见的引起病害的有腐皮镰孢（*F. solani*）、砖红镰孢（*F. lateritium*）和尖镰孢（*F. oxysporum*）、轮枝镰刀菌（*F. verticillioides*）等。病菌在PDA培养基上生长较快，气生菌丝稠密、蓬松、绒状，颜色为白色或粉色或灰色，可产生红色或紫色等色素。菌丝有隔，分枝，分生孢子梗无色、无隔膜、有分枝或不分枝。能产生大小两种类型的分生孢子，大型分生孢子产生于气生菌丝或分生孢子座、或黏孢团中，形态多样，有镰刀形、纺锤形、线形等，多细胞，多隔，中间厚圆，两端尖细；顶端细胞呈短喙状、锥形、钩状等（图5-16至图5-19）。

小型分生孢子产生在分支或不分支的分生孢子梗上，形态多样，呈卵圆形、梨形、椭圆形等，多为单胞，少数有1～2个横隔。菌丝中间或顶端还可形成厚垣孢子。

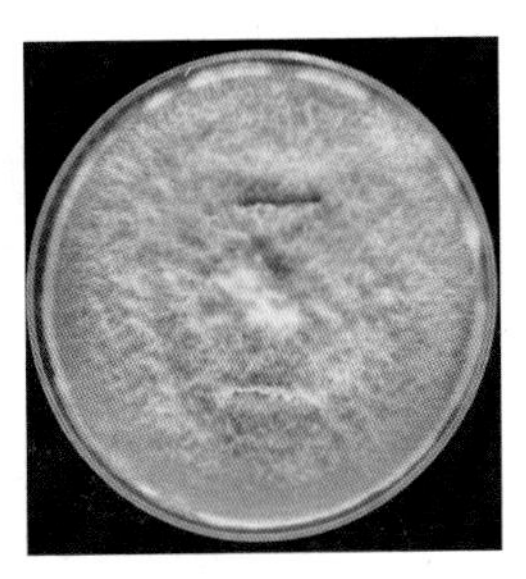

图5-16　镰刀菌菌落培养形态（正面）

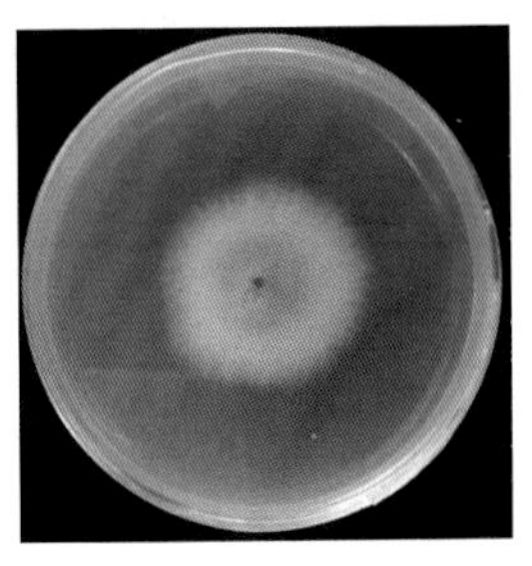

图5-17　镰刀菌菌落培养形态（背面）

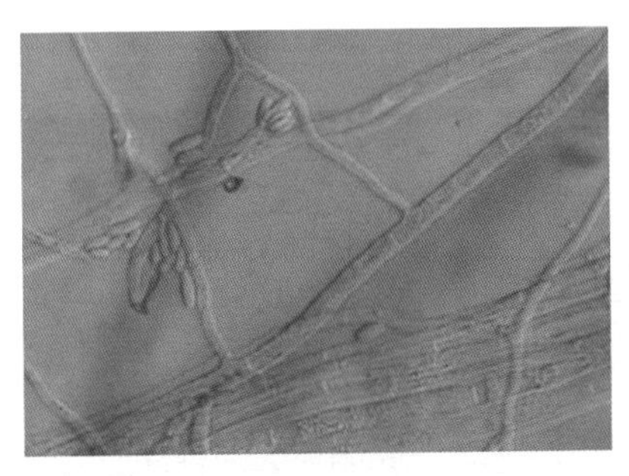

图5-18　镰刀菌菌丝及分生孢子着生状态

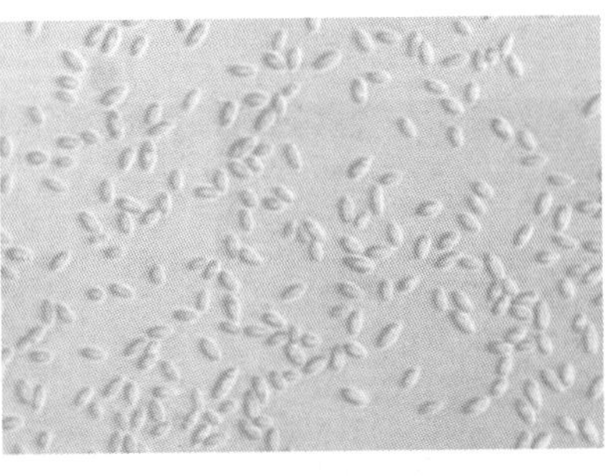

图5-19　镰刀菌分生孢子

3. 传播途径和发病条件

镰刀菌在自然界中分布广泛，适应性强，生长速度快，生活在土壤、谷物、活的及腐败的动植物残体上。通风不良、高温、高湿的条件都有利于镰孢霉病的发生。

4. 防治方法

参照木霉菌的防治策略。

六、枝孢霉

1. 症状

枝孢霉（*Cladosporium* spp.）隶属于半知菌亚门丝孢丝孢目暗色孢科枝孢属。枝孢霉广泛分布于自然界中，多数是腐生菌。

枝孢霉侵染初期，培养料上出现白色绒毛状菌丝，随后变为灰黑色绒毛状，产生分生孢子，蛹虫草菌丝生长受到抑制，导致减产（图5-20）。

分生孢子梗暗色，有分支，单生或簇生，分生孢子呈暗色，单细胞或双细胞，大小与形状变化较大，呈卵形至椭圆形（图5-21，图5-22）。

图5-20　盆栽枝孢霉污染

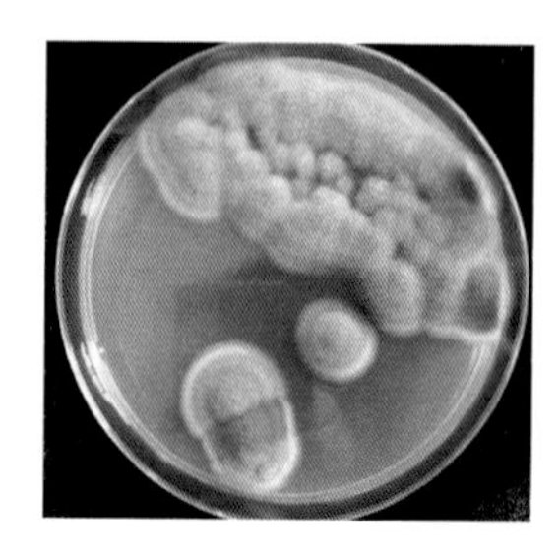

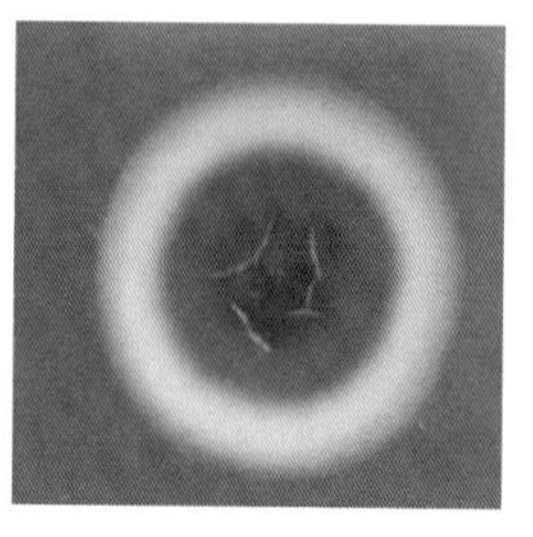

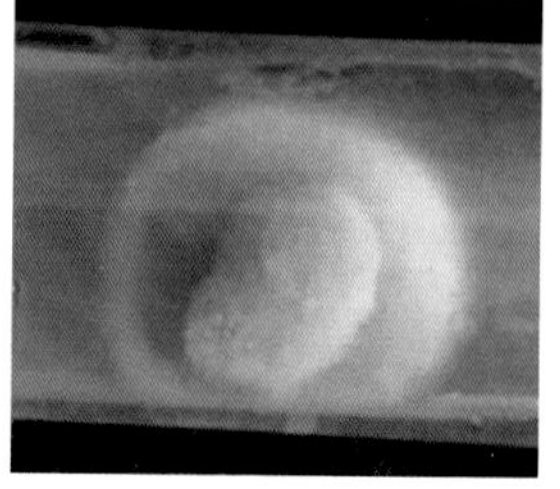

图5-21　枝孢霉菌落形态（正面，背面）

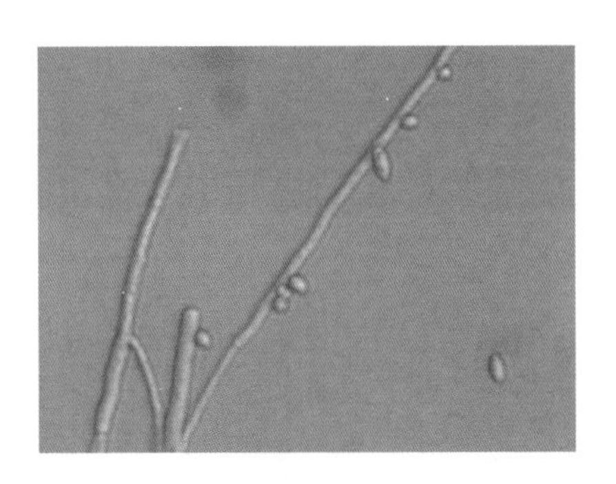

图5-22 枝孢霉菌丝及孢子形态

2. 防治方法

参照木霉病污染防控策略。

七、细菌

1. 症状

引起蛹虫草菌种、培养料及虫体污染的细菌种类有很多，常发生于PDA培养基或谷粒及麦粒培养基上。培养基（料）灭菌不彻底或接种时带入细菌营养体或芽孢，尤其在气温偏高及培养基中含水量较高时，在接种后细菌快速繁殖，PDA培养基上起先出现湿斑，接着出现细菌菌脓或菌斑，蛹虫草接种点被细菌包围，菌丝无法生长。谷粒及麦粒被细菌污染后，表现为充水、水渍、湿斑、腐烂等症状，接着渗出黏液，并散发出酸臭味，培养料不长菌丝或菌丝长出来后逐渐萎缩，致使菌种、培养料成批损失报废（图5-23，图5-24）。

2. 病原

细菌属原核生物界，单细胞，细胞核无核膜，形状多样，主要有球状、杆状和螺旋状等。危害蛹虫草的细菌，主要有芽孢杆菌，此菌广泛存在于土壤、灰尘及空气中。该细菌菌落很小，呈奶油状、糨糊状，可寄生在蚕蛹上，发出恶臭。在制作液体菌种时，灭菌、接种过程中手及工具最容易带入这类细菌。接种后2～5d，液体逐渐变得很浊，说明已经感染细菌，把这样的菌种接种到蚕蛹上，蚕蛹就会腐烂。

图5-23　盆栽细菌污染培养料

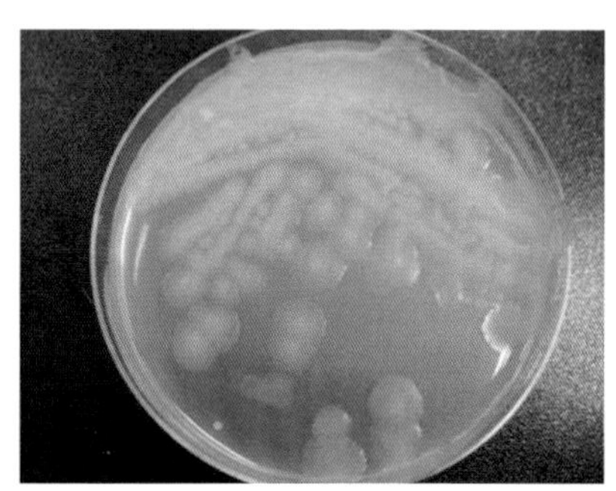
图5-24　盆栽细菌菌落形态

3. 传播途径和发病条件

细菌广泛存在于自然界中，在培养料、水体、土壤、空气和有机残体中都有其芽孢和菌体存在。细菌的芽孢耐热性很强，常因高压灭菌漏气造成的灭菌不彻底、灭菌温度或灭菌时间不足而未被杀灭，出现接种后细菌再次生长的现象。

培养室及栽培室卫生条件差，培养料中含水量较高、气温偏高时都会引发细菌的污染。由于栽培者普遍对细菌污染防控不严，导致蛹虫草产量和质量受到严重损失。

4. 防治方法

（1）严格做好培养基和培养料的灭菌工作　培养基和培养料灭菌要彻底，规范灭菌程序，彻底杀灭培养基和培养料中的一切生物。蚕蛹原料要进行体表消毒。

（2）母种或原种必须纯种培养，不能使用带有杂菌的菌种转管。液体菌种在接种前应进行检验，一旦发现被细菌污染，坚决不能使用，并及时进行消毒处理，然后深埋于地下。

（3）对接种器具进行严格消毒，接种时严格按照无菌操作规程要求。

（4）控制环境条件　避免形成高温、高湿、通风不良的环境条件。

（5）消毒　蚕蛹接种初期培养温度控制在20℃以下，如发生污染，可用0.05%金霉素或0.2%漂白粉溶液喷施消毒。

第二节　虫害防治

一、螨类

1. 形态及发生情况

螨类俗称菌虱，有粉螨和蒲螨两种。粉螨体型小，肉眼不易看到，体色咖啡色。粉螨体型较大，色白发亮，数量多时呈粉状。螨类可通过原料、菌种或蝇类带入培养室（图5-25）。

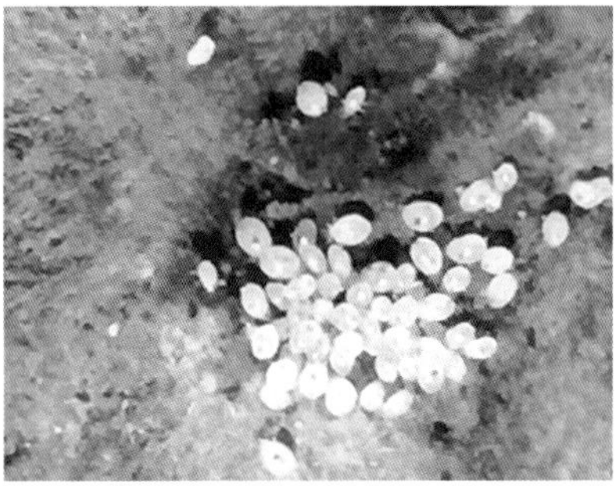

图5-25　螨虫污染培养料

2. 防治方法

菌种室和培养室要远离仓库、原料间等螨类易孳生；如发现螨类虫害，用灭蝇灯诱杀或关闭门窗，在低于20℃的室温环境下，每100m^{3}面积用1 000ml 0.05%敌敌畏溶液熏蒸18h。

二、跳虫

1. 形态及发生情况

跳虫是一种弹尾目的昆虫，密集时看起来像烟灰一样，故又称烟灰虫。幼虫白色，成虫灰蓝色，尾部灵活，弹跳如蚤，体具油脂，不怕水。如培养室过于潮湿和卫生状态不好，则易发生跳虫。

2. 防治方法

搞好培养室内外的清洁卫生，防止过潮。如发生严重，可用灭蝇灯诱杀或将0.1%敌敌畏溶液喷于纸上，再滴上几滴蜂蜜，将药纸分散摆放在培养室进行诱杀。

三、蝇蛆

1. 形态及发生情况

苍蝇及其蛆虫的危害大多发生在气温较高的季节。苍蝇多孳生在垃圾、粪便及腐烂的有机物残体上，如果培养室周围环境不清洁，则易招引和产生大量苍蝇。蛆虫的危害性更大，它可吃食蚕蛹。

蚕蛹在处理过程中如带进蝇卵，培育后，在培养室内温度较高、湿度较大的环境条件下，蝇卵会很快孵化成蛆虫。在20~25℃的室温条件下，从卵孵化成蛆虫约需1周。

2. 防治方法

要选用无杂质、无霉变、无虫蛀、无异味的优质新鲜蚕蛹，坚决不用劣质蚕蛹，对蚕蛹消毒要彻底，并防止蝇类在蚕蛹上产卵和叮咬；培养室门窗处要装纱窗，防止蝇虫飞入。

四、黑腹果蝇

1. 形态及发生情况

黑腹果蝇是双翅目害虫，成虫呈黄褐色，腹末有黑色环纹5~7

节。复眼有红色和白色两个变种。雌成虫腹末端钝而圆，色深，有有黑色环纹5节。雄成虫腹末端尖细，色较浅，有黑色环纹7节。雌成虫的前足跗节前端表面有黑色鬃毛梳，称为性梳，雄虫无性梳。雌虫交配后产卵于蛹体上。卵为白色，前端有一对触丝。气温在10～30℃时均能产卵。20～25℃下，完成一代需12～15d，幼虫危害柞蚕蛹体可引起溃烂。

2. 防治方法

选用新鲜蚕蛹，对蚕蛹清洗消毒要彻底；培养室门窗处要装纱窗，防止果蝇飞入；如发生虫害，可用灭蝇灯诱杀。

第三节　综合防治

一、搞好室内及环境卫生

（1）接种室、菌种室及培养室等要远离仓库、饲料房、饲养场、垃圾场等污染源，杜绝病虫害传播途径。

（2）培养室、培养架、培养盘及用具在使用前都要彻底清洗和消毒。培养室清洗干净后，最好再用10%的石灰水喷洒四壁和顶棚，培养架和用具可用3%～5%石碳酸喷雾消毒。

（3）为防止害虫侵入，接种室、菌种室、培养室的门窗要安上纱窗，杜绝虫源。

（4）接种室和菌种室应该经常清扫、消毒和检查，发现有污染的菌种应立即处理，不可乱丢。在接种室、菌种室及培养室附近严禁堆放废弃物。

二、严格选用原料

1. 蚕蛹

柞蚕蛹要选择蛹体饱满健康、无病害的新鲜活蛹。

2. 选择优质菌种

要选择优质、高产、活力强、无污染的菌种，不用老化、退化、衰败或已被污染的菌种。

三、严格无菌操作

接种环境要清洁，接种室要密封和严格消毒。接种用具要洁净，用前进行消毒处理。接种时严格按照无菌操作规程操作。

四、实行科学管理

虽然病菌、害虫的生长条件和蛹虫草生长相似，但还是有差异的。一般来说，杂菌特别是霉菌喜欢高温、高湿，而不喜欢酸性环境和光照，因此，在培养管理过程中要尽量创造一个有利于蛹虫草生长发育，而不利于病菌、害虫孳生的环境条件。

（1）在适宜的温度范围内，采用低温接种、发菌（暗培养），可抑制杂菌生长。

（2）菌丝体生长阶段保持60%左右的空气相对湿度，采取变温处理，有利于抑制杂菌发生，促进原基形成。

（3）在子实体生长阶段，适当通风换气，增加光照，有利于蛹虫草生长，并可抑制病虫害。

（4）进入培养室要严格消毒，培养室尽可能减少人员进入。

（5）发现病虫害及时防治

要适时检查，一旦发现污染情况，要及时妥善处理，并找出原因，加以克服。

在使用化学防治时注意不要使用剧毒、高残留的农药，不要直接向蛹虫草上喷药，尽量采取诱杀和熏蒸剂熏蒸消杀。

（6）采收后要彻底消毒

蛹虫草采收后，要对培养室、培养架及用具等进行一次彻底消毒，以杀死各种杂菌和害虫。

参考文献

段毅，2004. 蛹虫草高效栽培技术[M]. 郑州：河南科学技术出版社.

江苏省植物研究所，1990. 新华本草纲要[M]. 上海：上海科学技术出版社.

李昊，2000. 虫草人工栽培技术[M]. 北京：金盾出版社.

李美娜，吴谢军，李春燕，等，2003. 人工栽培蛹虫草退化现象的分子分析[J]. 菌物系统，22：277-282.

梁宗琦，2007. 中国真菌志[M]. 第三十二卷. 虫草属. 北京：科学出版社.

梁宗琦，1990. 蛹虫草的无性型及子实体人工培养研究[J]. 西南农业学报（2）：1-6.

刘娜，张敏，肖千明，等，2018. 不同蛹虫草菌株农艺性状及有效成分含量比较[J]. 园艺与种苗（2）：28-31.

孟楠，李亚洁，温志新，等，2017. 不同发育程度柞蚕蛹培育蚕蛹虫草的产量和营养保健品质[J]. 蚕业科学，43（5）：847-853.

王雅玲，郑双双，吕国忠，等，2009. 我国蛹虫草人工栽培培养基的现状调查[J]. 食用菌，31（1）：1-2.

于燕莉，梁爱君，黄贤荣，2013. 国内北虫草人工培养现状及其化学成分分析[J]. 实用医药杂志，30（2）：155-156.

曾宏彬，宋斌，李泰辉，2011. 蛹虫草研究进展及其产业化前景[J]. 食用菌学报，18（2）：70-74.

张胜友，2010. 新法栽培蛹虫草[M]. 武汉：华中科技大学出版社.

张姝，张永杰，Shrestha Bhushan，等，2013. 冬虫夏草菌和蛹虫草菌的研究现状、问题及展望[J]. 菌物学报，32（4）：577-597.